恐龙化石会说话

热河动物群

张玉光 / 著 央美阳光 / 绘

青岛出版集团 | 青岛出版社

图书在版编目（CIP）数据

恐龙化石会说话. 2,热河动物群 / 张玉光著. — 青岛 : 青岛出版社, 2023.2
ISBN 978-7-5736-0607-5

Ⅰ.①恐… Ⅱ.①张… Ⅲ.①恐龙 – 青少年读物Ⅳ.①Q915.864-49

中国版本图书馆CIP数据核字（2022）第227045号

书　　名	**KONGLONG HUASHI HUI SHUOHUA · REHE DONGWU QUN** **恐龙化石会说话·热河动物群**	
著　　者	张玉光	
出版发行	青岛出版社（青岛市崂山区海尔路182号）	
本社网址	http://www.qdpub.com	
策　　划	张化新	
责任编辑	谢欣冉	
责任校对	朱凤霞	
装帧设计	央美阳光	
印　　刷	青岛新华印刷有限公司	
出版日期	2023 年 2 月第 1 版　2023 年 2 月第 1 次印刷	
开　　本	16 开（787mm×1092mm）	
印　　张	32	
字　　数	600 千	
书　　号	ISBN 978-7-5736-0607-5	
定　　价	136.00 元（全 4 本）	

编校印装质量、盗版监督服务电话　4006532017

推荐序

　　博物馆是人类了解历史、开启未来世界的文化殿堂；自然博物馆更是呈现大自然缤纷样貌、激发人们探索兴趣的课堂。因此，每逢节假日，自然博物馆门口总是人流如潮，一张张稚嫩的脸庞上荡漾着难掩的兴奋与激动。他们对人类生存的世界充满无穷的好奇心和无尽的想象力，纷纷前来博物馆寻找星际空间的流星雨，认识中生代的长脖子大恐龙、首次飞天的始祖鸟，感受非洲大草原角马大迁徙、狮豹大战的宏大场面，欣赏热带雨林"植物绞杀"的生存奇观……这里不仅能为他们解惑释疑、破解谜团，更重要的是能激发他们去探索自然界深藏的奥秘，由此个个成为"自然小卫士""恐龙小达人""小小达尔文"。每逢想到此情此景，我会由衷地为他们感到高兴，欣喜自己还能为他们的成长做些微不足道的益事。科学普及要从娃娃抓起，这已成为我长期坚守的信念。当出版社的老友力邀我为同事张玉光研究员新完成的科普力作作序，我欣然应约。

　　拿到这套《恐龙化石会说话》一辑四册书稿，我极力调整自己的情绪，希望用孩童般求知的心态去打开故事书的每一页，没想到读罢每一节故事之后，其中的真人、真事和真情深深吸引了我，留给我的是接着读下去的期待。因此，我认为它不只是一套儿童科普读物，也是启迪孩子们努力探索未知的自然世界的"指路明灯"。

　　和张玉光在一起工作十几年，我自认为能比较全面地了解他的做事风格和为人。书中的背景故事都是他长年累月工作的缩影，他并没有把单调的工作当成一种负担，反而苦中作乐，变换了一个新的视角，把自己的亲身体验和感受通俗、乐观地呈现给读者，让读者透过文字感受到认识、探索自然所带来的那份美好的力量。这份真实、真情是十分难能可贵的，恐怕也是小读者要去寻找和体会的。

　　作为一位以科研、科普为主要内容的工作者，读罢该书我尚有此番感受，想必孩子们用细腻的情感和纯洁的心灵去解读，也定会有超乎寻常的体味与收获。

　　谨以此序作为阅读这套书的铺垫，我深信这套书会让你们增长知识和智慧。

北京自然博物馆馆长

前言

　　如果把漫长的地球历史看作一天，那么恐龙生存了大约50分钟，而人类的出场时间只有约短短5秒。显然，在地球的"记忆"里，恐龙留下了浓墨重彩的一笔。

　　在2.3亿年前的三叠纪，恐龙登上了"演化舞台"，不断发展壮大，成为中生代演化得最成功的生命。不料，突如其来的一场大灭绝摧毁了恐龙，让它们失去了一切，甚至没人知道它们辉煌的过往。直到19世纪，人们才发现，原来我们居住的星球上存在过如此神奇的动物。

　　人们是如何了解这些不可能重现的史前动物的呢？通过恐龙化石。恐龙化石是证明它们确实存在过的直接证据，向我们讲述了这些神奇生命的外貌、生活习性、演化过程……

　　作为一名古生物科研人员，我与恐龙化石已经有20多年的"交情"。我和这位"老朋友"之间有许多浪漫、神奇甚至惊险的故事。

　　应出版社邀约，带着些许寄托与期待，我将这些故事——准确地说是我的亲身经历编织起来，以《恐龙化石会说话》一辑四册书的形式呈现在各位读者的眼前。在这套书里，我将带领你们走进已经消失的恐龙世界，为你们讲述那些发生在恐龙身上的真实故事。当然，除了我，这套书里还有很多主角——一群可爱的孩子。他们和各位读者一样，对恐龙充满了好奇，想了解很多有关恐龙的知识。他们充满童趣的语言和天马行空的想法令我时而捧腹大笑，时而陷入沉思。当读完本套书，你们也许会和我有相似的感受。

　　希望读者朋友们喜欢这套书，并能从中学到一些知识。这会增加我继续为大家写作下去的动力和勇气。

北京自然博物馆副馆长、研究员

目录

主要人物介绍

黄米

性格腼腆的学霸。他脑瓜儿里装着很多古生物的相关知识，常常让伙伴们惊叹不已。

郭铲儿

一个活泼外向、聪慧好学的女孩儿。她是妥妥的"恐龙迷"，还是霸王龙的铁杆粉丝。

张玉光教授

一位研究古生物的科学家，喜欢向孩子们传授古生物知识。他知识渊博、童心未泯，能把枯燥的知识讲得生动有趣。

罗胖

一个五年级的小男孩。他爱好广泛，尤其痴迷于美食、摄影和古生物，是一个幽默的小胖子。

茉莉

一个长相甜美，性格内向，十分贴心的小女生。她最喜欢的事儿是拿着平板电脑左拍拍、右拍拍。

焦圈

罗胖的同桌，一个高高帅帅的滑板少年。他爱探索，爱搞笑，更爱和罗胖斗嘴……时常会冒出一些奇怪的想法。

走，向辽西出发！

暑假的第一天，太阳刚刚升起，我和5位小同学就已经站在北京自然博物馆院内，等待着来接我们参加热河生物夏令营的专车。

这5位小同学中，有两位是为了参加这次夏令营专门从四川宜宾赶来的，男孩儿叫黄米，女孩儿叫郭铲儿。他俩都是古生物发烧友，尤其喜欢恐龙。

黄米拿着一本名为《恐龙探秘》的书，正看得津津有味；小姑娘郭铲儿忽闪着漂亮的大眼睛，好奇地打量着四周。

其他3位同学是来自北京的小学生，也是古生物迷。

（编者注：配图及其对话均为对故事情节的演绎和再创作，全书同。）

其中，手拿双翘滑板、高高帅帅的少年叫焦圈。听名字就知道，他是地道的北京人。焦圈儿是一种北京传统小吃，圆圆的，像手镯，焦香酥脆。此时，焦圈正和另外一个男生斗嘴呢。

"罗胖，你一见到外地来的同学，就跟人家炫耀家里收藏的化石标本，还说有颗皮球大小的恐龙蛋。那些都是你老爸花钱买的。亲手挖出来的化石才格外有价值。这次夏令营，我一定要挖出恐龙化石给你瞧瞧。说不定，新发现的恐龙还能以我的名字命名呢。那将是多大的荣耀啊！"

以我的名字给恐龙命名，叫什么好呢？就叫"焦圈儿龙"吧！

焦同学，请给这种恐龙起个名字吧。

我笑了笑，心想：挖出一具恐龙化石哪有那么简单！这是可遇而不可求的呀！

那个胖胖的男生就是罗胖，和焦圈是同桌。罗胖是个"富二代"，这次夏令营用的七座越野车就是他爸爸赞助的。要是条件允许，我想，他是不介意带上保姆的。

此时，罗胖正蹲在地上往背包里塞东西。这个背包可真不小，里面塞满了零食，有巧克力、薯片、虾条、香肠等。背包旁还放着两个装满食品的购物袋。

罗胖边塞东西边回应焦圈："圈儿，咱俩骑驴看唱本——走着瞧。你要是真能挖出恐龙化石，我就花钱把它买下来。"

焦圈说："哼！要是我挖到化石，你给我多少钱我都不卖。我要让你知道，钱不是万能的！"

那个长头发的漂亮女孩叫茉莉，是 5 个学生中年龄最小的。此刻她正和妈妈进行视频通话呢！

这时，一辆七座的中型越野车开到了自然博物馆的门口，从车上下来一个年轻人。他是罗胖爸爸派来的司机。罗胖冲过去，说："小飞叔，我的摄影装备带来了吧？"

"放心吧，都给你带着呢。"小飞边说边打开越野车的后备厢，里面放着一整套长短不一的相机镜头。

罗胖兴奋地和小飞击了一下掌。

"哎哟喂！公子哥，您是来秀您的'长枪短炮'的吧！这玩意儿重不重呀？扛着它们，您还走得动吗？"焦圈随时不忘调侃罗胖。

"我乐意，摄影师的世界你根本不懂。"罗胖撇撇嘴说。

上了车后，大家各自坐好。罗胖和焦圈又"交流"起挖掘恐龙化石的事情，尽管没能聊出个头绪，但唇枪舌剑地互不相让。一旁的黄米说："两位同学，你们别争了。我在一本杂志上看到过，想要展出一具中型恐龙化石标本，大概要花费两年的时间：寻找化石至少需要两个月，挖掘需要一到两个月，后期处理、修复等工作则需要一到两年。全部费用有100多万呢！"

"黄米同学，这事儿我门儿清。玩收藏，没钱可不行。"罗胖一副哥俩好的姿态拍着黄米的肩膀。

1. 寻找化石

2. 挖掘现场

3. 修复化石

4. 化石展出

"胖子，你就不要给黄米同学灌输'金钱至上'的人生观了。关于化石，我可是做足了功课。毕竟，我将来是要成为像张老师那样的古生物学家的。到那时，我就可以天天研究化石。这样的话，有钱、没钱又有什么问题呀？"焦圈蹦出了这些话。

古生物学家的日常

"光动嘴谁不会啊？那我考考你，化石是如何形成的？"罗胖一副看好戏的表情。

"这可难不倒我……"焦圈眉飞色舞地说着。

化石的形成过程

"圈儿，你的功课做得不错，勉强给你及格。"罗胖调侃道。

这边两人继续斗嘴，那边郭铲儿就和我聊起了这次夏令营的路线安排。

"张老师，我看了一下咱们的行程表，夏令营的第一站是司马台长城吗？"

我点点头："是的，今天我们先到司马台长城，观察山上的岩石，明天去辽宁省朝阳市参观鸟化石国家地质公园……"

听到这，焦圈也顾不上和罗胖斗嘴了，立刻大声"抗议"："我们不能总是参观啊！张老师，您不是要带我们去挖化石的吗？"

我拍了拍他的肩膀说："不要着急，我们的最后一站是义县。我会在义县的野外带大家挖掘古生物化石！"

太好了！

我猜你知道

下面的说法是真是假？

① 恐龙的主要生殖方式是卵生。 （　）

② 身体最长的肉食性恐龙是马门溪龙。 （　）

③ 中国最早被命名的恐龙是于黑龙江省发现的满洲龙。 （　）

④ 目前已知的最大的食肉恐龙是腕龙。 （　）

"太好了!"同学们听后欢呼雀跃起来!

越野车在孩子们喋喋不休的话语声中向北京的东北方向驶去。茉莉说:"张老师,您给我们讲点儿关于恐龙的故事吧。之前我听过您的讲座,您讲的恐龙故事真是太有趣了。"

"好啊!那我就给你们讲一个关于小寐龙的故事吧!'寐'这个字有睡觉的意思,而我们这个故事中的主角小寐龙就像童话故事中的睡美人,是当之无愧的'白垩纪睡美龙'。"我讲道。

"'睡美龙'这个名字也太可爱了。"几位同学立刻安静下来。

在距今约 1.3 亿年前,辽西地区的河流湖泊星罗棋布,大地上满是郁郁葱葱的绿色。

身体稍大一点儿的恐龙,如锦州龙、甲龙,唱着主角;而一些身体轻盈的小型兽脚类恐龙,像中国鸟龙、中华龙鸟、北票龙等身披羽毛的机灵鬼,不停地奔跑着,偶尔还去戏弄那些不算灵活的大块头……

在一座休眠火山的脚下,郁郁葱葱的针叶林生长在浅水湖边,可四周的景致却显得十分凌乱,横七竖八地倒下了很多树木——它们是被一些无聊的大恐龙撞倒的。

突然,一棵倒下的树干后探出了一个毛茸茸的小脑袋。脑袋的主人用一双大眼睛死死地盯着一只小蜥蜴。在它正要发动攻击时,小蜥蜴快速逃跑了。

这是一只小寐龙，只有鸭子那么大，在恐龙的世界里，是不起眼的小家伙。前两天，大甲龙撞倒了两棵树，生活在树根下的很多肉嘟嘟的小虫子露了出来。

就在小寐龙正吃得不亦乐乎时，一只中华龙鸟硬是把小寐龙赶走了。看着中华龙鸟独享那些美味的虫子，小寐龙敢怒不敢言——谁让自己打不过人家呢。

正所谓否极泰来。小寐龙看到水边有成群的大蜻蜓。这些刚刚羽化的大蜻蜓正奋力抖动翅膀，希望马上飞到空中。不过，要将柔软的身躯和翅膀硬化，蜻蜓们还需要很长的时间。

这真是千载难逢的好机会啊！小寐龙非常庆幸那个讨厌的竞争对手中华龙鸟此时不在这里。它迅速地从树干后跳出来，跑到水边，一口咬住了蜻蜓。对于年轻的小寐龙来说，这种蛋白质含量丰富的昆虫是再好不过的食物，既能够填饱肚子，又能为它的生长提供重要的营养物质。不过，能够抓到美味蜻蜓的机会并不多。

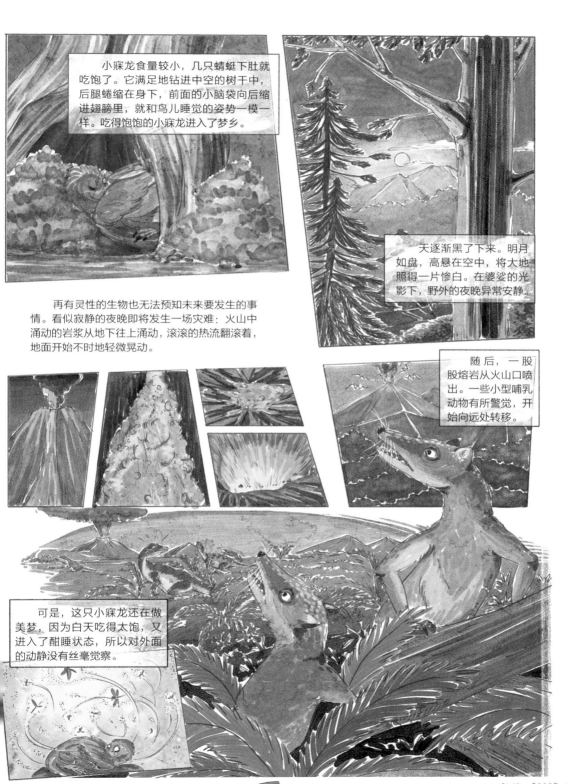

小寐龙食量较小，几只蜻蜓下肚就吃饱了。它满足地钻进中空的树干中，后腿蜷缩在身下，前面的小脑袋向后缩进翅膀里，就和鸟儿睡觉的姿势一模一样。吃得饱饱的小寐龙进入了梦乡。

天逐渐黑了下来。明月如盘，高悬在空中，将大地照得一片惨白。在婆娑的光影下，野外的夜晚异常安静。

再有灵性的生物也无法预知未来要发生的事情。看似寂静的夜晚即将发生一场灾难：火山中涌动的岩浆从地下往上涌动，滚滚的热流翻滚着，地面开始不时地轻微晃动。

随后，一股股熔岩从火山口喷出。一些小型哺乳动物有所警觉，开始向远处转移。

可是，这只小寐龙还在做美梦，因为白天吃得太饱，又进入了酣睡状态，所以对外面的动静没有丝毫觉察。

火山的喷发一般在瞬间完成。当通道畅通后，熔岩流、火山灰和灼热的水蒸气喷向空中，四周变得昏暗，温度在顷刻间升高。置身于其中的动物仿佛做着高温桑拿，热得喘不上气。细密的火山灰缓缓降落在地面，连空气也变得黏稠起来。

这时，睡梦中的小寐龙由于受到炙烤，开始下意识地将身子收紧。

　　"小寐龙的命运又会怎样呢？同学们，等我们到了朝阳鸟化石国家地质公园，我再给大家接着讲吧。"孩子们都听得入迷了。我讲完后过了几秒钟，他们才兴奋地鼓起掌来。

　　"哇！张老师，这个故事太精彩了。"

　　"不会吧，张老师？您竟然这样吊我们的胃口，还搞出个'且听下回分解'。"焦圈说。

　　"哈哈——"大家听后都笑了起来。

我猜你知道

下面的说法是真是假？

1　寐龙是伤齿龙类。　　　　　　　　　　　（　　）
2　小寐龙像鸭子那么大。　　　　　　　　　（　　）
3　辽西地区的古生物中没有北票龙。　　　　（　　）
4　中华龙鸟是植食性恐龙。　　　　　　　　（　　）

岩层，地球演化的无字天书

两个多小时后，我们一行人已经走在司马台长城古老的地砖上。

抬头望去，司马台长城背倚蓝天，横亘东西，延伸数千米，有一种说不出的壮观和雄浑。

"天啊，长城真的像是一条巨龙盘旋在崇山峻岭之间！"郭铲儿从来没有这么近距离地观察过长城，因此格外兴奋。

"是呀，太壮观了！"黄米也是第一次来。

下车后，罗胖拉着黄米的手说："黄米，北京周边的长城我都爬过，这司马台长城我都来过好几次了。你第一次来，我就给你讲讲司马台长城的历史吧！"罗胖迫不及待地想要跟别人说一说自己了解的知识。

黄米点点头，一副虚心求教的模样。

"我也要听。"郭铲儿也凑了过来。

"你们往远处看，就会发现司马台长城的城墙是沿陡峭的山脊修筑而成的。它蜿蜒曲折，以'奇、特、险'闻名。有句话说得好：'长城是世界之最，而司马台长城是长城之最。'"罗胖眉飞色舞地比画着。

险峻的司马台长城

黄米问："为什么这么说？它和八达岭长城、慕田峪长城有什么不一样吗？"

"司马台长城开发得比较晚，人们只是做了简单的加固工程，没有进行'查缺补漏'，所以保留了古长城原貌——残、缺、烂。你看，在苍莽的群山中，司马台长城拖着残破的'龙'体，浑身写满了故事。这是多么神秘，多么具有历史沧桑感啊！"罗胖对自己的这番言论很满意，露出一

你咋就剩一颗牙了？

别问，问就心烦。我想"整容"，我要变美。

嘴小白牙，开心地笑着。

"谢谢你，罗胖同学。你讲得真是太好了！"黄米很开心能遇到罗胖这么好的小"导游"。

"哎哟喂！您就别在这儿显摆了，这套导游词我都听腻了。"焦圈对罗胖说道。

"那你给黄米他们讲点新鲜的。"罗胖说。

这里的导游不是都说这一套词吗？

这词儿我也就听了一万遍吧。

"没问题呀，司马台长城的故事我门儿清。你们看啊，司马台长城被司马台水库分为东西两段。东段长城尤为险峻，海拔骤升，远远望去犹如一条巨龙从湖中腾空飞起，直插云端。"焦圈也是有备而来的，对司马台长城的描述非常准确。

"你这套导游词也不新鲜呀。"罗胖不甘示弱地说。

大家边走边聊。突然，罗胖气喘吁吁地说："谢天谢地，我终于爬上来了，咱们休息一会儿吧！我请大家吃巧克力。"罗胖说完便一屁股坐在地上，然后从背包里掏出好多巧克力。

我猜你知道

除了司马台长城，北京及其周边地区还有 ＿＿＿＿长城、＿＿＿＿长城、＿＿＿＿长城等。

焦圈看着罗胖又累又饿的样子，飞快地转了一下小眼珠，大声吟诵了一首打油诗："啊，我们的罗胖了不起，说起话来惊天动地，找起东西翻天覆地，看到食物欢天喜地，爬上长城还会谢天谢地！"

"焦圈，你别老拿我开涮！我背这些食物也是为了造福大家。当然，这个'大家'可以不包括你。"

"我就吃！这么好的巧克力不吃可惜了。"焦圈拿起一块巧克力塞进了嘴里。

"得了便宜还卖乖的家伙，小心我哪天就着豆汁儿吃了你这焦圈儿。"罗胖说。

孩子们听完俩人的对话都笑了。

此时，从堤楼看，远处的悬崖如刀削斧劈一般，几缕雾岚挂在绝壁处，更显其陡峭惊险。同学们开始拍照留念，罗胖用专业的长焦镜头为黄米和郭铲儿拍了很多照片。

拿着平板电脑左拍右拍的茉莉同学问我："张老师，这是什么山？为什么这么陡峭？"

我回答："在我们脚下的就是大名鼎鼎的燕山山脉。北京曾叫'燕京'，就和燕山有关。大约在2亿年前，这儿可不是崇山峻岭，而是一片汪洋。1亿多年前，在猛烈的火山喷发和强烈的地壳升降运动的作用下，褶皱隆起，地壳如同水中的波浪层层翻滚，此起彼伏。此后，这里便由海洋变成了山脉，并形成了很多独特的地质地貌，如高耸的山峰、险峻的悬崖等。

我爷爷的爷爷的爷爷生活在海底。

"从地质学的角度看，燕山山脉的地质结构在漫长的地质作用下变得异常复杂。这里有大量的岩浆岩、变质岩等，比如司马台长城的山体南侧就暴露出了坚硬的变质岩——石英岩。"

岩石是组成地壳的物质之一，是构成地球岩石圈的主要成分。

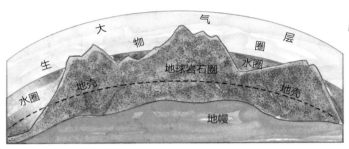

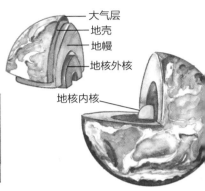

"张老师，什么是变质岩、石英岩？"焦圈问。

"变质岩是岩石的一种类型。说到变质岩，我们不妨先了解一下岩石的分类。你们将来如果想成为地质学家或古生物学家，就一定要先学点岩石的基础知识。一般来说，岩石被分为岩浆岩、沉积岩和变质岩三大类。"我回答道，"我们先说岩浆岩。岩浆岩是岩浆冷凝形成的岩石，又叫'火成岩'。岩浆岩是个大家族，种类繁多，形形色色。玄武岩、安山岩、流纹岩、花岗岩都属于岩浆岩。"

"我知道花岗岩，我家的别墅外墙就是用花岗岩做的。"罗胖说。

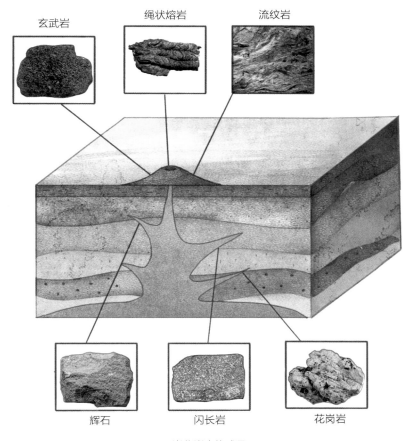

玄武岩　　　绳状熔岩　　　流纹岩

辉石　　　　闪长岩　　　　花岗岩

岩浆岩家族成员

"是的，花岗岩是上好的岩浆岩家族成员非金属建筑材料，有'岩石之王'的称号。这是因为花岗岩所含矿物相对稳定，不易风化。生活中许多耐风吹雨打的建筑或物品是由花岗岩制成的，比如天安门广场的人民英雄纪念碑，它的碑心石就是一整块罕见的巨大的花岗石。"

"张老师，人民英雄纪念碑的浮雕石料也是花岗岩吗？"黄米问。他昨天刚去参观了人民英雄纪念碑。

"不是，浮雕石材是变质岩的一种，叫作'汉白玉'。"我说。

"汉白玉是变质岩呀！我还以为它是玉呢。那什么是变质岩啊？石头也像食物一样会变质吗？"郭铲儿问。

郭铲儿的这个问题提得很好。我向她解释道："变质岩就是由变质作用形成的岩石。已经成型的岩浆岩或沉积岩在温度和压力等发生变化后，就会形成一种新的岩石——变质岩。

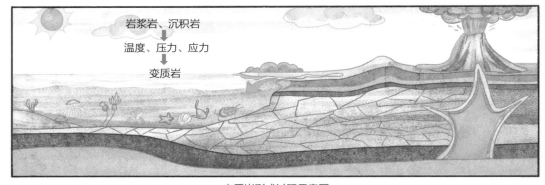
变质岩形成过程示意图

"变质岩并不神秘，就在我们身边。你们应该都听说过大理石吧？它就是变质岩的一种。大理石有美丽的颜色和花纹，是变质岩中的颜值担当，常被人们用来装修房子和制作雕塑。色白、质地纯净、结构细密的大理石被称为'汉白玉'。人民英雄纪念碑上的 10 块浮雕就是用汉白玉做的。"

"张老师，咱们脚下的岩石是哪一种呢？"茉莉问。

常见的变质岩

板岩

千枚岩

片岩

大理岩

大理岩——汉白玉

石英岩

"是一种名为'石英岩'的变质岩，是由石英砂岩及硅质岩经变质作用形成的。石英岩硬度很高，可用作户外用石、铺路石等。"

"张老师，三大岩石包括岩浆岩、变质岩和沉积岩。前两种您都讲过了，那么什么是沉积岩呢？"黄米一边看着笔记本一边提问。这孩子一路都在记笔记，这是一个好习惯。

"沉积岩也叫'水成岩'，是自然界中因风化作用产生的破碎的岩石，在水流、风力等外力的作用下，被搬运到一定地点沉积下来，逐渐形成的一类岩石。沉积岩中保留了丰富的生物资源，你们感兴趣的动植物化石一般在这个岩层中，石油和煤炭也在这个岩层中。"

"那么，只有沉积岩中保留着化石吗？"黄米问。

"是的，岩浆岩和变质岩是在高温、高压的环境中形成的，不具备形

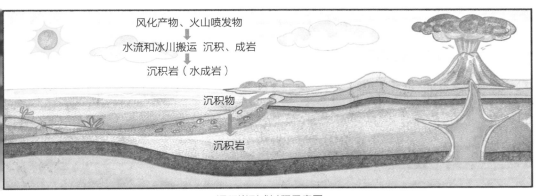

沉积岩形成过程示意图

19

成化石的条件，而沉积岩是在低温、低压的环境中形成的，具备化石保留下来的条件，不会破坏化石的形态和结构。"我解释道，"其实，这三大类岩石是可以相互转化的。岩浆喷出、冷却后变成岩浆岩；岩浆岩风化、沉积变成沉积岩；变质岩和沉积岩可能会随板块运动进入地幔并熔化，当它们再次喷出地表时又成为岩浆岩；岩浆岩和沉积岩经变质作用又会形成变质岩。"

"所以，变化才是真正的永恒，没有谁可以打败时间啊。"黄米说。

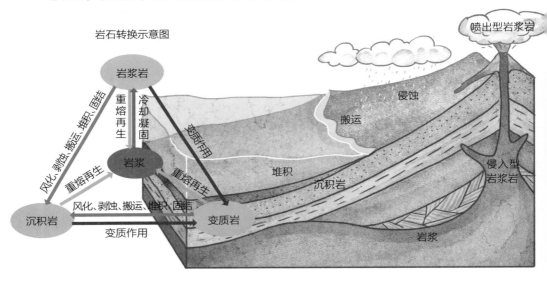

岩石转换示意图

喷出型岩浆岩

"现在我算知道了，原来海会干枯，石头也会腐烂。所谓的永恒并不存在呀！没有亘古不变的岩石，更没有海枯石烂的感情。"焦圈一副沉重的表情。

"我和黄米的友谊是不会变的，咱们俩的关系坚不可摧！"罗胖说。

黄米微笑着，不知道该说什么好。

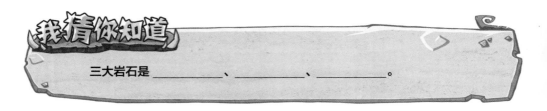

我猜你知道

三大岩石是 _____、_____、_____。

"听完张老师讲岩石，你们这是要变成哲学家了吗？"郭铲儿说。

此时，罗胖没有理会，而是疑惑地问道："可是，了解岩石有什么用呢？它又不能当饭吃，光秃秃的，也不好看！"

我笑了笑，说："但是，石头是历史的见证者啊。我问大家一个问题：你们平常通过什么方法了解历史呢？"

石头就像一本本"历史书"，可以告诉我们很多以前发生的故事。

"上历史课。"焦圈说。

"看书。"黄米补充道。

"逛历史博物馆。"茉莉说着。

"利用网络！"郭铲儿也大声说。

"看电影和纪录片。"罗胖更大声地说道。

我先赞同了大家的学习方式，然后说："地球大约有 46 亿年的历史，经历过很多我们摸不着、看不见的变化，有些高山变成了大海，有些大海变成了陆地。这些我们又该如何了解呢？"

大起大落，说的就是我们了。

接着，我指了指远处的岩石，说道："其实，岩层就是层层叠叠的岩石，是一部记录地球历史的无字书。人们通过研究这些岩石，就能对地球曾经的面貌进行科学的推测。借助这三大类岩石组成的岩层，人们大致可以推测某地在某时是海洋还是陆地，是高山还是平原，有无火山喷发，等等。比如：我刚刚说过的燕山山脉在2亿多年前是汪洋大海，就是科学家对燕山山脉的地质构造、岩石类型和结构进行研究后得出的结论。所以说，46亿年的地球故事都写在岩石这本'日记'中了。现在，人们正利用先进的技术将它一页一页地打开，以了解地球过去的历史。"

新西兰著名的"薄饼岩"由一层层的石灰岩、泥页岩交替沉积而成。较软的泥页岩层因受侵蚀较多而凹陷，较硬的石灰岩层因受侵蚀较少而凸起。它们看起来如同摞起来的"薄饼"。

岩层就是记录地球历史的日记本。

大自然摊出的"千层饼"

茉莉同学很贴心地递给我一瓶水，我继续讲："如果说岩层是万卷书，那么在沉积岩中发现的各种化石就是书中的文字。通过化石，我们可以目睹大陆板块的分合，可以知道地球上曾经存在体长超过30米的恐龙、毛茸茸的猛犸象、长着大獠牙的剑齿虎、最大的陆生哺乳动物巨犀。研究化石能够让我们看到地球由沧海变成桑田、生物从低等到高等的演化过程。这是多么伟大的事啊。"

我们都曾存在过！

黄米接过我的话："关于沧海变桑田，我可以举个例子。现在的喜马拉雅山山顶终年白雪皑皑，但在约 1.6 亿年前，那里却是波涛汹涌、一望无际的海洋。这可不是毫无根据的猜测，我国科学家曾在珠穆朗玛峰脚下海拔 4000 多米处发现了鱼龙化石。要知道，鱼龙可是生活在海洋中的爬行动物。"

我补充道："黄米刚才提到的鱼龙被科学家命名为'喜马拉雅鱼龙'。它的出现证明了喜马拉雅山附近早在约 1.6 亿年前是一片汪洋。除了鱼龙，科学家还在山体的岩层中发现了鱼类、菊石、海螺、海百合等海洋生物的化石。我们可以想象这样一幅画面：1.6 亿年前，喜马拉雅海在阳光的照耀下闪着波光，一头喜马拉雅鱼龙跃出水面，然后又迅速潜入海底。它像是海豚和鲸的复合体，自如地在海中游弋。当时几乎没有什么海洋动物是它的对手。

"喜马拉雅鱼龙虽然在海里没有天敌，但终究躲不过自然灾难。它被掩埋在了中生代的地层中。

"大家看，这就是喜马拉雅山脉的形成过程。

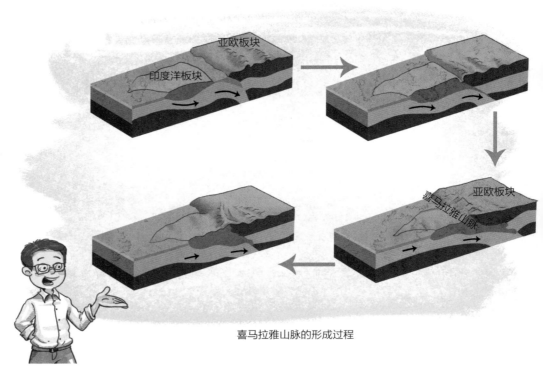

喜马拉雅山脉的形成过程

"喜马拉雅山位于亚欧板块和印度洋板块的交界处。这两个大陆板块相互挤压，产生压缩和褶皱，使得喜马拉雅海底部露出海面。最终海洋消失，整个地区的海洋史也宣告结束。

"直至今日，喜马拉雅山脉还在不断地升高。更为神奇的是，鱼龙化石也在逐渐上移，慢慢升高。如果人类没有发现它，也许它还将随着山脉的生长而不断'长高'呢！"

喜马拉雅山上有鱼龙化石，想一想：它是怎么跑到山上去的？

"以前，我以为'沧海桑田'只是神话，今天了解了地球的变迁，才知道这是真实存在的。"郭铲儿说。

听着大家的讨论，看到远处绵延不绝的长城，黄米不禁感慨起来："宋代大文豪苏轼曾经说过'寄蜉蝣于天地，渺沧海之一粟'，生命在地球面前是多么的渺小啊！"

"和宇宙相比，地球也是一枚'小可怜'！乖，摸摸头！"焦圈摸了摸身边的石块。

"你们还要谈论关于石头的问题吗？我觉得还是想一下吃什么吧，因为我的肚子饿了。"罗胖说着就开始找零食了。

"吃货的世界我永远不懂。"焦圈说。

离开了司马台长城，我们的越野车沿着高速公路继续往辽宁方向行驶。5个多小时后，我们终于到达辽宁省朝阳市。这是本次夏令营的第二站。此时天已经黑了，舟车劳顿了一天，大家匆匆吃完晚饭，就在宾馆早早地休息了。

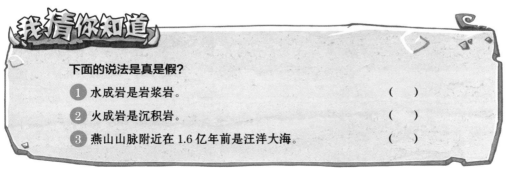

我猜你知道

下面的说法是真是假？

1 水成岩是岩浆岩。　　　　　　　　　　　（　）

2 火成岩是沉积岩。　　　　　　　　　　　（　）

3 燕山山脉附近在 1.6 亿年前是汪洋大海。　（　）

岩石夹心汉堡

第二天一早，我们一行人来到了位于朝阳市的鸟化石国家地质公园。刚刚下车，罗胖就大声念起来："辽宁——朝阳鸟——化石国家地质公园？"

他疑惑地问："张老师，这是'朝阳——鸟化石——国家地质公园'，还是'朝阳鸟——化石国家地质公园'？"

我笑了笑，对大家说："是'朝阳——鸟化石——国家地质公园'，顾名思义，人们在这里发现了许多生存于白垩纪早期但已经灭绝的鸟类的化石。这个地质公园是全国中小学生研学实践教育基地，我们参加这次的热河生物夏令营就是为它而来的。在化石公园里有几十件长羽毛的恐龙的化石展品。这些化石真实地记录了地球生命演化史上一个重要的缺失阶段——恐龙到鸟类的过渡演化过程，一定会让你们大饱眼福。"

"恐龙是如何演化成鸟类的也是我想深入了解的一个问题。"黄米说。

"我是鸟类爱好者，也是拍鸟达人。我经常在奥林匹克森林公园观鸟和拍摄，一待就是一天呢。"罗胖笑嘻嘻地说。

"哈哈，拍鸟达人？你拍鸟纯粹是'放羊拾柴火——捎带'，主要目的还是秀你那摄影装备。不说我还忘了，你的'长枪'怎么没拿？只拿一个'短炮'够用吗？"焦圈发现罗胖的长焦镜头换成了短焦镜头，可不能错过这个调侃罗胖的好机会。

"你可以说我的镜头，但不能否定我对摄影的热情。我之所以只拿了短焦镜头，是因为它更适合在博物馆这样的空间拍摄。长焦镜头是用来拍远景的，没必要把它拿进来。我解释得够清楚了吗？"罗胖有点儿生气了。

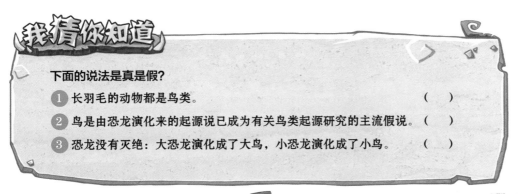

"哇，我已经迫不及待地要看化石了，咱们赶紧进去吧。"郭铲儿打着圆场说。

"边走边说吧，同学们。朝阳鸟化石国家地质公园可不只有鸟类化石。这里有丰富的'热河生物群'化石资源，包括生存于中生代晚期的 20 多个生物门类、上百个物种，涵盖了鱼类、两栖类、爬行类、鸟类、哺乳类和被子植物。让我们一起走进这个神秘的古生物化石宝库，去探索过去的世界吧！"我说。

"让本姑娘解开古鸟类的神秘面纱！"郭铲儿调皮地大声说着，逗得茉莉咯咯地笑了起来。

焦圈和罗胖分别踩着双翘滑板和越野平衡车，时不时地斗上几句嘴，身上迸发着青春年少的活力；茉莉和郭铲儿互相给对方拍着照片，像两只小鸟一样快活地交谈着；黄米则忙着用手机查找资料。

进入园区后，我们先来到地质长廊观景台。观景台高 12 米，是整个园区的制高点。登上台顶，整个园区的风光尽收眼底。

"哇，你们看，前面那个建筑的造型好像一条鳄鱼！"焦圈大声地说。

"还有点像蜥蜴！"郭铲儿跟着说。

"这个建筑外形设计得十分奇特，仿佛一条白龙横亘在绿洲中。我猜它一定有特殊意义。"黄米疑惑地说。

"黄米说得没错，位于前方的那个建筑就是地质长廊。它的外形是按照凌源潜龙化石的形态设计的。"我说。

"潜龙是什么？"罗胖疑惑地挠挠头。

凌源潜龙化石

"凌源潜龙化石发现于离朝阳市不远的凌源市。凌源潜龙是一种生存于白垩纪早期的水生爬行动物，长着很长的脖子，身体纤瘦，四肢呈蹼状。这种身体形态可是当时很多水生爬行动物的'流行款式'。"我说。

"潜龙长长的脖子让我想起了尼斯湖水怪。"郭铲儿说。

"尼斯湖水怪的原型是蛇颈龙，可比潜龙大多了。"黄米解释道。

我们走下观景台，向地质长廊走去。长廊的入口被设计成潜龙的嘴部造型。一直往前走，视野瞬间开阔了，一个长长的深坑映入大家眼帘——这就是地质长廊的地质剖面现场。主剖面长 120 米，副剖面长 110 米，深

10~14 米，展示的地层剖面面积约为 3000 平方米，从上至下已揭露的地层有 37 层。2000 年左右，人们在这里挖出不少好化石。

　　20 世纪 90 年代末，几位村民在这个地方挖土时，发现了一块酷似鸽子的化石。2000 年初，大量珍贵的古生物化石在此被发掘。这个展厅就是在当时的发掘现场原址建设的。在地质剖面的修建过程中，工人们又意外地发现了很多化石，包括鸟类、翼龙、鱼类和一些无脊椎动物的化石。由此可见，这里的化石资源是多么丰富！我们沿路参观，能看到一些化石就在原地保存，只是外面盖上了玻璃罩，以防止化石被损坏。

　　"为什么这里的化石都很完整？"焦圈问。

　　"这和当时火山喷发频繁有直接关系。火山喷发使大量生物受高温炙烤，产生的毒气迅速扩散，导致生物因窒息或中毒死亡，然后被大量火山

灰瞬间掩埋，与外界隔绝。这就是化石能够完好保存的原因。你们看这地质剖面，一层层的火山灰把一次次的火山喷发都记录了下来。"我说。

罗胖正忙着拍照，恨不得把每个小玻璃罩下的化石都拍下来。我笑着对他说："罗胖，一会儿我们去古生物展厅。在那儿，你会看到更多精美、清晰的化石。到时，准让你拍个够。现在，请你用专业相机把地质剖面详细地拍下来，我们先学习基础地质知识。"

"没问题！"罗胖响亮地回答我。

"这里的岩石一层一个颜色，像一本厚厚的地层书。"茉莉说。

"我记得张老师在司马台长城上说过，岩层是记录地球变迁的无字书。这个比喻太形象了！大家看，这些一层一层的沉积岩不就是一页一页的纸张吗？"黄米兴奋地说。

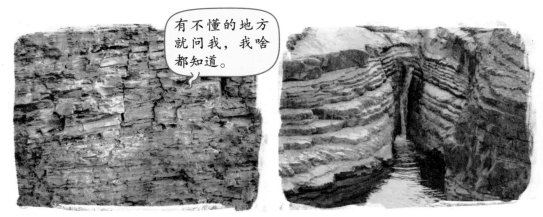

"现在我们就去翻翻这本书！"我笑着说，"我先问你们一个问题：什么是地质年代？"

"地质年代就是地球在漫长演化中经历的不同时期。"黄米说。

"没错，为了表示地球演化发生事件的前后时间和顺序，人们创造了'地质年代'这个名词。地质年代的划分等级从高到低为宙、代、纪、世、期、时。比如：恐龙所处的地质年代是显生宙的中生代，中生代又分为三叠纪、侏罗纪和白垩纪。中华龙鸟化石就在白垩纪早期的地层中。"我说。

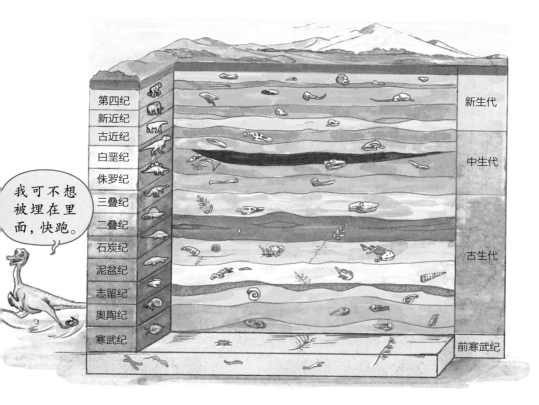

我可不想被埋在里面，快跑。

"那人们如何确定它在白垩纪地层中呢？"

"白垩纪形成的地层简称'白垩系'，主要成分是白垩土。白垩土是石灰岩的一种类型，颗粒均匀、细小，用手就能搓碎，可以用来制作粉笔。因此，发现了这种岩石地层，基本可以确定这个地区的地质年代为白垩纪。"

"可是，为什么这些地层的颜色不一样呢？"茉莉一脸疑惑。

"大家吃过汉堡包吧？"我问。

"当然了！我还会做呢。"罗胖说道。

"大家回想一下，人们做汉堡包的时候，是不是一层一层地放食材？"我问。

"对的。面包一层，牛肉一层，生菜一层，西红柿一层，洋葱一层。"郭铲儿回答。

"我通常放3层牛肉和3层洋葱。"罗胖接着说。

"大家看地层剖面展示的岩层：粗粒的砂砾岩层、灰色的火山凝灰岩层、黑色的油页岩层、黄色的泥岩层。它们聚集在一起像不像汉堡包？"我

指着地层剖面说，"地球岩石圈中的沉积岩其实是一层一层的。因为各个时期的环境不同，沉积形成的地层成分和颜色就不一样，有的形成棕色的'牛肉饼'，有的形成白色的'洋葱'。根据下老上新的地层层序律，最老的沉积岩总是在地层的最底部，年轻的地层总是在年老地层的上面，而且地层越老，所含生物越简单、低等，反之亦然。不同地质年代的地层中含有不同的化石组合，在某一阶段灭绝了的生物，其化石不会在新的地层中出现。"

自下而上的地层代表着从早到晚的人类活动遗迹

"原来，这层层叠叠的岩层是一部记载着地球几十亿年演变历史的'石头书'。人过留名，雁过留声。地球也一样，给我们留下了石头书。"焦圈说。

"'石头书'这个叫法真不错。我回去写一本《石头记》，把地球的故事写给同学们看。"罗胖看焦圈不回应自己，便主动去接焦圈的话。

你写《石头记》，曹雪芹他老人家会同意吗？

果不其然，焦圈接话了："你以为自己是曹雪芹吗？你知不知道《石头记》就是《红楼梦》啊？"

看焦圈又开始理他了，罗胖嘿嘿地笑了两声。对这一对"相爱相杀"的冤家来说，互相调侃就是他们独特的交流方式。

走出长廊后，我们来到了木化石林。这里林立着1200余株木化石，形状各异，一些木化石还保留着枝枝杈杈，看上去蔚为壮观。

罗胖说："我家的院子里就有几株木化石，我爸把它们当宝贝一样。因为'五行缺木'，所以他特意花大价钱买了些木化石。没想到，这里有这么多木化石。"

"那你五行缺什么呢？"茉莉也忍不住调侃罗胖。

好壮观啊！

"他五行缺肉。"焦圈说。

"你还五行缺钱呢！"罗胖回应着。

"我五行缺你，没你不行。不跟你斗嘴，我的生活都缺了色彩呢。"焦圈说。

"罗胖，你家竟然有木化石！"郭铲儿赶紧解围。

"罗胖家的木化石确实很惊艳，我还去看过呢。有些木化石去掉了树皮，露出非常漂亮的纹路，看上去很震撼。"焦圈难得夸罗胖一次。

"我家的那些木化石是从缅甸运来的。我爸为了弄这些木化石，花费了不少时间和心思。"罗胖说。

我们比黄金还要珍贵！

"张老师，这些木化石是怎么形成的？"茉莉好奇地看着这些像树一样的石头。

"木化石的形成与火山有关。火山喷发后，产生大量含有二氧化硅的火山灰，将树木迅速淹没。在高温、高压和地下水的作用下，二氧化硅渗入植物组织，使木质硅化。这样，这些树就变成了硅化木化石。"

煤的形成示意图

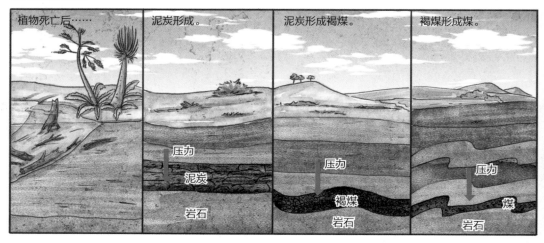

"煤炭也是树木在地下慢慢形成的。为什么有些树木变成了木化石，有些却变成了煤炭呢？"焦圈问。

"木化石与煤炭的形成条件是不一样的。简单来说，煤炭形成的条件是高温、高压、缺氧，并且伴有微生物的作用；而木化石的形成条件则是在火山灰或地下水中，需要高压、低温、缺氧的地质环境。煤炭的形成时间为上千万年，而木化石的形成时间为上亿年。现在咱们看到的这些木化石，最年轻的年龄也超过一亿岁了。"我说。

按辈分算，我可是你爷爷！

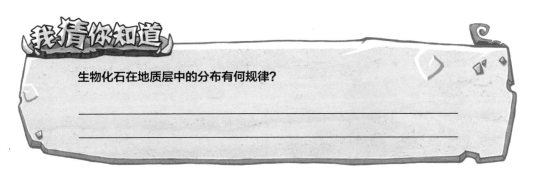

我猜你知道

生物化石在地质层中的分布有何规律？

古生代的天空霸主：翼龙

告别了木化石林，我们来到朝阳古生物化石博物馆。大厅的一楼展示了白垩纪早期的大型恐龙，如辽宁巨龙等。因为这些恐龙不是我们这次的研究对象，所以我带同学们走马观花地看了看，然后上了二楼。

二楼是热河生物群展厅。热河生物群是指生活在中生代的白垩纪早期，分布于中国北方（包括河北北部、辽宁西部和内蒙古中东部）的动植

物形成的化石群，以保存有生物的许多软体组织特征而闻名于世，包括恐龙和鸟类的皮肤衍生物、皮肤印痕、软骨结构、角质喙等。因此，热河生物群被誉为"20世纪全球最重要的古生物发现之一"。

我一边带领孩子们参观一边给他们解释道："我们脚下的这片土地在约1.25亿年前是个温暖潮湿的地方，水资源丰富，植物繁茂。湖泊中，狼鳍鱼、鲟鱼等鱼儿自在地穿梭；湖畔沼泽中，蝾螈、三燕丽蟾、满洲鳄、凌源潜龙等两栖类或爬行类动物四处游走；翼龙、恐龙及原始鸟类迅速进化；五尖张和兽、金氏热河兽等原始哺乳动物大量繁衍；苏铁、银杏、松柏类等裸子植物生长茂盛，一些被子植物也开始出现。这里形成了一个完整的生态系统。可是，有一天，火山突然喷发，火山灰漫天飘散。来不及

逃跑的动物被灼热的火山灰淹没，然后这些动物的尸体就与外界隔绝了，再经过几千万年的石化作用，最后变成了大家现在看到的化石。"

我刚讲完，孩子们便四散走开，去看化石了。黄米站在昆虫化石前，仔细地观看着，惊叹道："一亿多年前的蜻蜓和现在的蜻蜓几乎一样啊！"

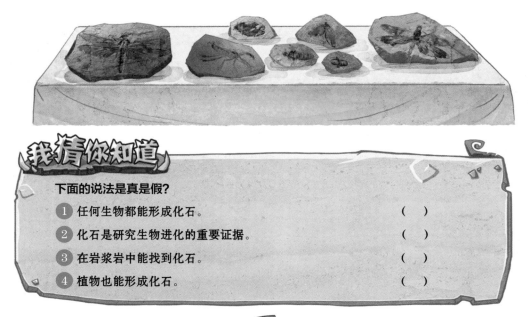

我猜你知道

下面的说法是真是假？

1 任何生物都能形成化石。　　　　　　　（　　）

2 化石是研究生物进化的重要证据。　　　（　　）

3 在岩浆岩中能找到化石。　　　　　　　（　　）

4 植物也能形成化石。　　　　　　　　　（　　）

"茉莉，你看这块蝉化石中翅膀的痕迹多么清晰，真是不可思议！"郭铲儿说。

"太难得了！"茉莉边拍照边说。

"你们知道吗？蝉、苍蝇、蚊子、蜻蜓等昆虫形成化石很不容易！几万只昆虫中，也许只有一两只能够形成化石，而几万块昆虫化石中，被人们发现的也许只有一两块！"我说。此刻，我用心准备的讲解词已经变得苍白，两个小姑娘被神奇的化石吸引着，根本无心听我说话了。

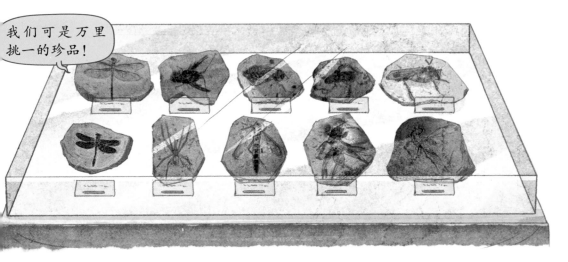

"茉莉，这种生物的名字真好听呀，'丽卡拉套蠊'！"郭铲儿开心地说。两个女生凑在一起，讨论着这个名字。

"郭铲儿，你可能想不到，它其实是蟑螂的祖先。"黄米对郭铲儿说。

"啊，是'小强'！"两个女生惊呼着。

另一边，罗胖和焦圈已经在鱼化石展区奋力拍摄了。成群的狼鳍鱼在石板上栩栩如生，就像是一幅清新淡雅的水墨画；一对可爱的小潜龙在化石中依偎着，似乎在交谈着什么。

难以想象，它们都上亿岁了。

看到鱼化石，我想起了诗人艾青在《失去的岁月》中的诗句：

　　时间是流动的液体——

　　用筛子、用网，都打捞不起；

　　时间不可能变成固体，

　　要成了化石就好了，

　　即使几万年也能在岩层里找见。

估计化石激发了诗人的创作灵感，让他写出如此经典的诗歌。

3 只超级可爱的小乌龟的化石吸引了黄米的注意。黄米对我说："张老师，您看展柜里的满洲龟，它们的头、四肢、尾巴都伸展开来。可见当时火山喷发的速度得有多快呀，乌龟还没来得及缩进壳里就被瞬间掩埋了。"

"你观察得非常仔细。乌龟有一个独特的自卫本领，那就是当它遇到危险时，会把头和四肢缩进坚硬的龟壳里。但是，突如其来的火山爆发产生的大量火山灰覆盖了湖中的满洲龟。它们甚至来不及施展自卫本领，就瞬间被火山灰掩埋。这就是地球给我们留下的永恒记忆和证据，何等的神奇啊！"我说，"还有一种可能——也许是受不了高温炙烤，它们不得不伸出头和四肢挣扎。"

火山喷发得太突然了！

大家一路走一路看，来到了翼龙展区。秀丽郝氏翼龙、董氏中国翼龙、本溪华夏翼龙等都是在辽宁的早白垩世地层中保存的翼龙，为中生代的天空增添了绚烂的色彩。

我能想象出它们翱翔天空的样子。

罗胖兴冲冲地跑到热河翼龙化石标本前，左看看，右看看，然后对同学们说道："大家快来，这只恐龙像一只大号的蝙蝠！"

黄米纠正了罗胖话中的错误："罗胖同学，翼龙可不是恐龙！"

罗胖有点不高兴："黄米同学，我知道你是学霸，但是学霸说的话也不一定全对。这次你就错了。"

黄米用非常肯定的语气说："翼龙是会飞的爬行动物，只能算是恐龙的远房亲戚，绝对不是恐龙。"

焦圈笑着说："你俩友谊的小船要翻了。"

下列哪种生物不属于白垩纪时期？（　　　）

A. 始祖鸟　　　B. 沧龙　　　C. 孔子鸟　　　D. 狼鳍鱼

"焦圈，你别起哄了，他俩是在探讨问题呢。以前我听张老师讲过，翼龙是一种依靠两侧的皮质翼膜飞行的中生代爬行动物，而恐龙是用后肢或四肢支撑身体行走的一类中生代陆生爬行动物。尽管和恐龙生活的时代相同，但翼龙的确不是恐龙。"郭铲儿解释着。

　　罗胖听郭铲儿说得这么透彻，感觉自己在女生面前丢了份儿，脸上出现了一丝尴尬的表情。

　　我接过郭铲儿的话，开始为孩子们讲解："如果说恐龙是白垩纪时期陆地上的霸主，那么翼龙就是当时天空中的霸主了。人们在辽西这片土地上发现了很多白垩纪早期的翼龙，如秀丽郝氏翼龙、达尔文翼龙、中国翼龙、热河翼龙、格格翼龙、猎手鬼龙等。更神奇的是，科学家在热河翼龙的身上发现了毛发，更准确地说是毛状衍生物。这说明翼龙不只是借助皮膜飞行，它们的飞行功能比我们猜测的更完善。这样的毛状衍生物可能具有调节体温或其他的功能。翼龙在分类学上属于爬行纲的翼龙目，和恐龙拥有共同的祖先，但它们不是恐龙。通俗地讲，翼龙和恐龙的关系就像现在的牛和马，有一定的演化关系。"

郭铲儿认真观察着翼龙标本。看得出来，她非常喜欢翼龙这种"加大号蝙蝠"："努尔哈赤翼龙翼展有 2 米多长，算大型翼龙了吧？"

"努尔哈赤翼龙还算不上大型翼龙。你看辽宁翼龙的资料，它有 5 米多长的翼展，才算得上大型翼龙。在近 200 个已经被命名的翼龙中，体形最小的叫'隐居森林翼龙'，是热河生物群的一分子，翼展仅有 25 厘米，和麻雀差不多大；体形最大的是风神翼龙，翼展有 11 米长，站立时甚至比长颈鹿还高，生活在白垩纪晚期的北美地区。"我说。

"据说，电影《阿凡达》中纳美人的坐骑就是以风神翼龙为原型制作的。我好想坐在风神翼龙的身上，让它带我飞行一圈。"焦圈说。

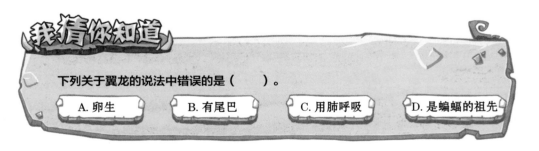

我猜你知道

下列关于翼龙的说法中错误的是（   ）。

A. 卵生   B. 有尾巴   C. 用肺呼吸   D. 是蝙蝠的祖先

我不禁笑出了声："风神翼龙是一种很凶猛的动物，估计不会乖乖听你的话呢。热河生物群中目前已知的体形最大的翼龙是辽宁翼龙，主要以鱼为食。关于翼龙捕食，我有一个故事讲给大家听。"

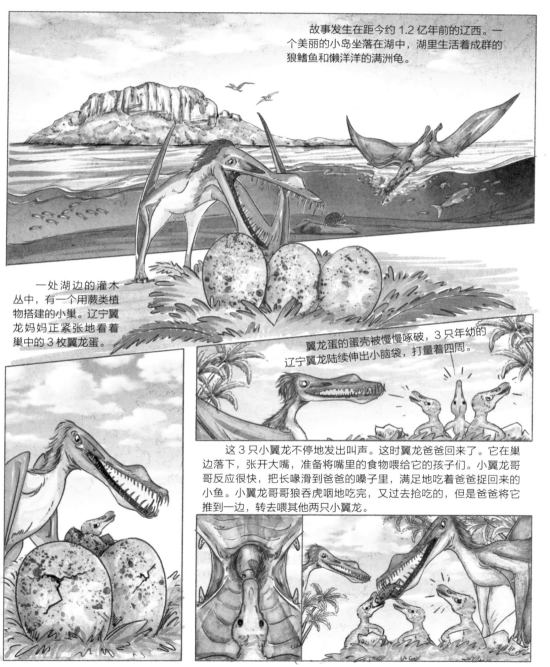

故事发生在距今约 1.2 亿年前的辽西。一个美丽的小岛坐落在湖中，湖里生活着成群的狼鳍鱼和懒洋洋的满洲龟。

一处湖边的灌木丛中，有一个用蕨类植物搭建的小巢。辽宁翼龙妈妈正紧张地看着巢中的 3 枚翼龙蛋。

翼龙蛋的蛋壳被慢慢啄破，3 只年幼的辽宁翼龙陆续伸出小脑袋，打量着四周。

这 3 只小翼龙不停地发出叫声。这时翼龙爸爸回来了。它在巢边落下，张开大嘴，准备将嘴里的食物喂给它的孩子们。小翼龙哥哥反应很快，把长喙滑到爸爸的嗓里，满足地吃着爸爸捉回来的小鱼。小翼龙哥哥狼吞虎咽地吃完，又过去抢吃的，但是爸爸将它推到一边，转去喂其他两只小翼龙。

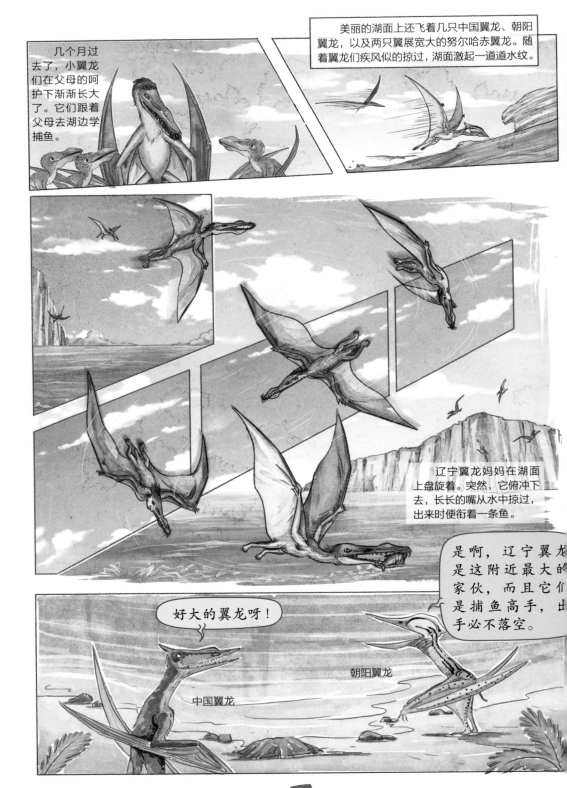

几个月过去了，小翼龙们在父母的呵护下渐渐长大了。它们跟着父母去湖边学捕鱼。

美丽的湖面上还飞着几只中国翼龙、朝阳翼龙，以及两只翼展宽大的努尔哈赤翼龙。随着翼龙们疾风似的掠过，湖面激起一道道水纹。

辽宁翼龙妈妈在湖面上盘旋着。突然，它俯冲下去，长长的嘴从水中掠过，出来时便衔着一条鱼。

是啊，辽宁翼龙是这附近最大的家伙，而且它们是捕鱼高手，出手必不落空。

好大的翼龙呀！

朝阳翼龙

中国翼龙

妈妈，这条鱼给我吃吧，求求你了！

辽宁翼龙妈妈飞回小辽宁翼龙的身边，独享美味的鱼。

辽宁翼龙妈妈没有理会小翼龙的请求。

你可以自己捕鱼了，看清鱼后，冲下去把它叨出来就行了。这对你来说并不难！

万一我掉到水里怎么办呢？

不会的，弟弟。你要勇敢一点！要不然，你将来怎么能成为空中霸主呢？

翼龙哥哥说完，就勇敢地飞向湖面。
翼龙弟弟犹豫了很久，还是向湖面飞去。

它发现了一条鱼，立刻奋力向下俯冲。

然后，它飞到妈妈的身边，把嘴里的鱼放在地上。

妈妈，我抓到了一条鱼。我成功了！

听完故事，郭铲儿问道："翼龙和鸟类都会飞，那翼龙能像鸽子那样在空中长时间飞行吗？"

我说："鸟类的胸肌非常发达，依靠胸肌的不断收缩和舒张，鸟类就可以长时间飞行。

咱俩不是同根，少跟我套近乎。

本是同根生，相煎何太急！

"而翼龙的情况有些复杂。对大型翼龙来说，由于身体很重，要想持续在空中飞行，就必须消耗巨大的能量。因此，它们只能像老鹰或信天翁那样，依靠上升气流托住身体，在空中翱翔。不过，一些小型翼龙因为身体较轻，所以可以像鸟类那样进行长距离飞行。可以肯定的是，翼龙不如鸟类身体灵活。"

"那我大概知道翼龙灭绝的原因了，就是达尔文说的适者生存吧！"焦圈半开玩笑地说道。

古往今来，能飞向天空的动物比比皆是，但真正翱翔蓝天的恐怕只有鸟类。鸟儿是为飞翔而生的，是飞翔让鸟儿变得自由。那么，最早能飞上天空的鸟儿又长什么样呢？

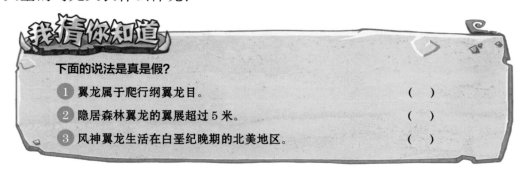

我猜你知道

下面的说法是真是假？

1 翼龙属于爬行纲翼龙目。 （ ）
2 隐居森林翼龙的翼展超过 5 米。 （ ）
3 风神翼龙生活在白垩纪晚期的北美地区。 （ ）

世界上第一只"鸟"

我带着孩子们来到恐龙演化和鸟类起源展厅，笑着说："大家别急着参观，我先考考你们：鸟类是从恐龙进化而来的吗？"

中华龙鸟　　　　　尾羽龙　　　　　小盗龙　　　　　热河鸟

罗胖说："虽然我知道鸟类是由恐龙进化而来的，但是在我看来，它们一个在天上，一个在地上，怎么会有进化关系呢？要说鸟类是由翼龙进化而来的，没准更能让我信服。"

茉莉小声地问道："什么样的恐龙才能进化成鸟类呢？"

我回答："体形很大的恐龙进化成小鸟确实有些不现实。不过，恐龙家族可是非常庞大的：有些恐龙个头大，有些恐龙个头小；有些恐龙披着羽毛，有些恐龙却皮肤光滑，连汗毛都没有；有些恐龙长着粗壮的四肢，有些恐龙却长出了翅膀。"

虽然我们长相各异，但我们确实是一家人。

马门溪龙

剑龙

甲龙　　　　小盗龙　　　　似鸡龙　　　　永川龙

焦圈开玩笑地说："如果有人说人类也曾长着翅膀，我都不会产生一丁点儿怀疑。"

罗胖终于抓住一次反驳焦圈的机会："你也太孤陋寡闻了吧！当然有长着翅膀的人。"

焦圈疑惑地看着罗胖。

罗胖很开心地说："长着翅膀的人就是精灵啊！哈哈！"

焦圈立刻说道："精灵根本就不存在，只是人类想象的产物。"

罗胖耸耸肩："那眼前这些长着羽毛的恐龙到底是真实存在过的，还是人类想象出来的呢？恐龙又是如何进化成鸟类的呢？"

我开始为同学们解惑："恐龙进化成鸟类是一个漫长的过程。一些科学家认为，在侏罗纪晚期一些恐龙出现了新的特征——长出了羽毛。比如：美颌龙和始祖鸟就是长着羽毛的恐龙。

"美颌龙是小型的肉食性兽脚亚目恐龙，生活在侏罗纪晚期的欧洲。它们非常娇小，体形与火鸡相似。

"当然了，那时候恐龙的羽毛和现在我们见到的鸟类羽毛并不相同。恐龙的羽毛非常坚硬，不能用来飞行。

"在这些长着羽毛的恐龙中，一些小型恐龙为了躲避天敌或寻找食物，慢慢地从地面爬到了树上。在从树上滑翔降落到地面的过程中，它们的前肢逐渐加长，最后变成了翅膀，羽毛也逐渐进化出了飞羽。于是，它们开始了漫长的滑翔生涯。

"后来经过长期的进化，它们又长出了用于带动翅膀上下震动的胸肌。终于有一天，它们可以在空中长时间飞行了。至于长着羽毛的恐龙是不是真实存在过，化石就是证据。科学家不能凭空说鸟是恐龙进化来的，必须得有确切的证据，而证据之一就是大名鼎鼎的始祖鸟。它们生活在侏罗纪晚期，由于其化石保存了精美的羽毛痕迹，外观又非常接近鸟类，因此长期坐拥'鸟类始祖'的头把交椅。后来，科学家仔细观察始祖鸟的骨骼，发现它们还保留了很多小型兽脚类恐龙的特征，如嘴中有锋利的牙齿、前

始祖鸟化石　始祖鸟拓印　始祖鸟复原图

"鸟类始祖"的光环被始祖鸟"霸占"了很久

肢翼化不明显、尾巴很长等，所以始祖鸟还不能算是真正的鸟类，而是恐龙向鸟类演化过程中的一个过渡物种。"

这只鸟又能飞又能跑，真要命。

说多少遍了，我不是真正的鸟！

始祖鸟

"单凭这样一个证据就说鸟类是由恐龙进化来的，未免太武断了吧。"罗胖有些不服气。

"当然了，科学是严谨的。除了始祖鸟，很长一段时间人们并没有发现其他更有利的证据，直到中华龙鸟的出现。"我说。

我们来到中华龙鸟化石展柜前。中华龙鸟前肢粗短，爪钩锐利，后腿较长，适宜奔跑，在骨骼周边还有原始绒毛的黑色印痕。它把头向上扬起，仿佛在盯着上方的猎物。

看来，证明鸟类从恐龙进化而来得靠咱俩了。

咱俩要成大明星了。

中华龙鸟化石

始祖鸟

中华龙鸟

我接着为同学们讲道："中华龙鸟化石于 1996 年在朝阳市北票四合屯被一位村民发现。因为看到了化石上的羽毛印痕，所以最初的研究者将化石标本误认为鸟类，并以'中华龙鸟'为其命名。

根据我多年的经验判断，这块化石上的动物是一只鸟。

"后来，经过对骨骼特征的细致分析，学术界认为中华龙鸟是恐龙向鸟类演化的过渡型动物。有些人认为中华龙鸟应该改名为'中华鸟龙'，但限于'优先律'，名字是无法更改了，不过可以改正人们对它们的科学认识。

我猜你知道

下面的说法是真是假？

1 有些恐龙长着羽毛。 （　　）

2 恐龙的羽毛和现代鸟类的羽毛是一样的。 （　　）

3 鸟类有可能是霸王龙的后裔。 （　　）

　　"这一重大发现为鸟类起源于小型兽脚类恐龙的假说提供了重要证据。正是因为中华龙鸟化石的发现，朝阳被誉为'世界上第一只鸟起飞的地方'。"

　　"那中华龙鸟会飞吗？"郭铲儿问我。

　　我摇摇头，说："羽毛最初出现在恐龙身上，并不是为了飞行，而是用来保暖的。除了保暖作用，漂亮的羽毛也许还可以用来求偶。"

　　"求偶？这是怎么一回事呢？"罗胖一脸疑惑地看着我。

　　我解释道："在鸟类的世界，很多雄性比雌性要漂亮。这是因为羽毛颜色鲜艳的雄性能吸引异性的注意。"

　　"原来鸟类也如此看重颜值。这么说，看脸时代从中生代就开始了。"焦圈得出自己的结论。

"不仅鸟类看重颜值，它们的祖先恐龙也是如此。自从恐龙长出羽毛后，羽毛就成了雄性求偶的重要工具。"我笑着回答。

接着，我们一起来到尾羽龙化石旁。

"尾羽龙的尾巴顶端长着一束呈扇形排列的羽毛，非常漂亮。它虽然拥有羽毛，却不会飞。科学家通过研究发现，它的羽毛左右两侧的羽片是对称的，这样的羽毛不利于飞行；而现代鸟类羽轴两侧的羽片是不对称的，且羽轴两侧的羽片宽度差异越大，飞行能力越强。尽管尾羽龙的羽毛不能用于飞翔，但这些羽毛却是雄性尾羽龙找'女朋友'的秘密武器，拥有漂亮尾巴的雄性尾羽龙更能得到雌性尾羽龙的青睐。"我说。

雄性尾羽龙　　　　　　　雌性尾羽龙　　　　　　　雄性尾羽龙

"张老师，俗话说'枪打出头鸟'。漂亮的雄性虽然可以吸引雌性的注意，但也可能吸引天敌。这样一来不就增加了自己的生存风险吗？"黄米总是这么爱思考。

我肯定了黄米的推测："没错。动物的皮肤或毛发颜色是一个很有趣的话题。一些动物能进化出和环境一样的颜色、图案等，这样有利于动物保护或隐藏自己。比如：非洲的狮子是土黄色的，北极狐是白色的，生活在树上的昆虫身体颜色非常接近树皮的颜色。这些都非常符合达尔文'适者生存'的理论。不过，凡事总有例外，一些动物尤其是鸟类，为了传宗接代，不惜冒着生命危险，也要把自己打扮得异常漂亮。这确实有一定的风险，但与此同时也能增加繁衍后代的机会。只能说，风险和机会总是共存的。"

"是啊，任何事物都有两面性，不可能左右兼顾。这就是'鱼和熊掌不可兼得'啊。"焦圈有感而发。

同学们又参观了原始祖鸟、北票龙、中国鸟龙和驰龙等几十件长着羽毛的恐龙的化石，脸上不时出现喜悦和吃惊的表情，感叹于自然界的神奇与多彩。

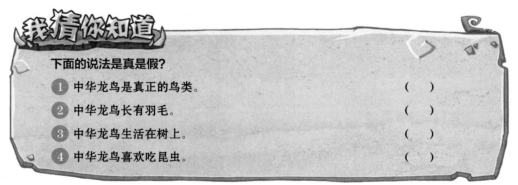

我猜你知道

下面的说法是真是假？

1 中华龙鸟是真正的鸟类。（　　）

2 中华龙鸟长有羽毛。（　　）

3 中华龙鸟生活在树上。（　　）

4 中华龙鸟喜欢吃昆虫。（　　）

黄米带有总结性地说："看来，羽毛在鸟类出现之前就已经存在了，因此羽毛不是鸟类的独有特征。我们如果发现化石里的动物长着羽毛，必须仔细观察它的骨骼形态，才能确定它是鸟类还是恐龙。"

"是啊！这是因为长羽毛的动物未必是鸟类，也有可能是长着羽毛、栖息在地面上的肉食性恐龙！"罗胖开心地说。

毛茸茸的华丽羽王龙

焦圈有点意犹未尽："张老师，是不是只有小型恐龙才能长出羽毛？像霸王龙那样的大家伙不可能长羽毛吧？"

"焦圈，你这个问题非常好。虽然我们今天没看到大型的长着羽毛的恐龙，但是中国古生物学家于2012年在辽宁省西部早白垩世地层中发现了一种新的长着羽毛的恐龙——华丽羽王龙。这种恐龙体长约为8米，是中国辽西热河生物群中迄今发现的体形最大的恐龙之一。正如它的名字一样，华丽羽王龙化石上保存了精美的羽毛印痕。科学家曾普遍认为，羽毛仅出现在体形较小的恐龙身上，直到华丽羽王龙的出现改变了科学界的这一认知。"

这两只"鸡"长得好大呀。

可别瞎说，人家是华丽羽王龙！

博物馆中没有华丽羽王龙的化石，我就用手机给同学们看它的相关图片。当了解到毛茸茸的华丽羽王龙竟然是暴龙类恐龙时，他们便立刻讨论起来。

"暴龙长了一身羽毛？"焦圈小声地说。

"霸王龙也是暴龙科的成员啊。这样看来，霸王龙也是毛茸茸的？"茉莉点点头。

"是的，这说明在暴龙类恐龙中，长着一身羽毛可能是非常普遍的现象。这些研究也进一步证实了长着羽毛的恐龙在恐龙中的广泛分布。"黄米说。

霸王龙　　　　　华丽羽王龙

"暴龙竟然长着长长的毛？我不信！在我的印象中，暴龙身披厚厚的盔甲，像铁甲勇士般凶狠无比。"罗胖嚷嚷着。

"事实胜于雄辩啊。在我心中，暴龙从坚硬的鳄鱼皮战士变成了华丽的披毛者。"焦圈说。

我听着同学们的讨论，笑了笑，说："科学家根据现有的化石标本推测，从最初原始皮肤衍生物演化出典型的鸟类飞羽大约要经历5个阶段。

"第1个阶段：皮肤衍生物中只有丝状的蛋白质纤丝——一种类似毛发的单根的细丝状结构，如鹦鹉嘴龙身上的毛。

"第2个阶段：原始的单根丝状羽毛变成由多根细丝组成的复合结构，如华丽羽王龙、意外北票龙和中国鸟龙的羽毛。

丝状原始羽毛

分枝状原始羽毛

雏绒羽状原始羽毛

"第3个阶段：羽囊、羽轴和羽片等关键结构出现，如原始祖鸟和尾羽龙身上的羽毛。

有啥用？又不能飞。

我们的羽毛比你们的高级。

华丽羽王龙　　　北票龙　　　小盗龙　　　尾羽龙

"第 4 个阶段：羽小枝产生，具备了一定的空气动力学特性，如小盗龙能够利用这种羽毛在树林间穿梭。

我虽然不能飞，但是滑翔一下，抓几只虫虫吃，还是可以的。

"第 5 个阶段的羽毛就是我们现在看到的鸟类的羽毛。"

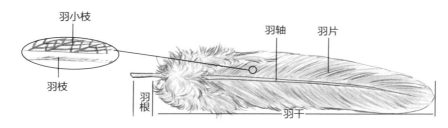

羽小枝

羽枝

羽轴　羽片

羽根

羽干

"既然华丽羽王龙不会飞，那么它们的羽毛是用来保暖的吗？就像我们在冬天穿的羽绒服一样？"茉莉问。

"是的。华丽羽王龙之所以长着羽毛，很可能和白垩纪早期的气候有关。白垩纪早期的气温明显低于白垩纪其他时期的气温，当时辽西地区的气候可能与现在的相似。在寒冷的冬季，羽毛能够帮助华丽羽王龙减少热量的散失。我们熟悉的猛犸象和披毛犀也是如此，为了适应寒冷的气候，

我一点儿都不冷，甚至觉得好暖和！

毛到冷时方恨少。

身体表面长出厚厚的用来保暖的毛。但是，生活在热带的犀牛和大象却褪去了软毛。"我说。

"华丽羽王龙看上去比霸王龙小。它们也和霸王龙一样是凶残的猎手吗？"黄米问。

"是的，华丽羽王龙所到之处，基本上所有的动物都会四散逃跑。"我回答。

"太酷了。我就喜欢强者。"罗胖说。

这时，一只跟鸭子差不多大的寐龙的化石吸引了茉莉的注意。

她兴奋地说："张老师，这就是您之前给我们讲的那个故事里的主角——小寐龙吧。在这只可怜的小恐龙熟睡时，附近的火山爆发，产生的毒气让它在睡梦中窒息。之后，它被埋在了火山灰下。"

寐龙化石

我补充道："令人窒息的火山灰和热流将睡梦中的小寐龙凝固在那片它深深爱着的土地上，直到1亿多年后，科学家发现了它。人们剖析着当时发生的一幕，可小寐龙疼痛难忍的感受是难以还原的，只能随着白垩纪的那场灾难一起被埋葬。

"寐龙属于伤齿龙类。这具寐龙化石让人们第一次看到恐龙的睡眠姿势。你们看，它将头蜷缩在翅膀下，像一只睡在巢中的小鸟。这表明伤齿龙类不仅在骨骼形态上与鸟类相似，在行为学上也和鸟类有些相似。"

"张老师，这只寐龙和鸟非常像，那怎么确定它是恐龙，而不是鸟呢？"黄米问。

"科学家研究化石标本，首先会分析它的亲缘关系：如果跟现代鸟类更接近，那么它就是鸟；如果和某个恐龙的关系更近，那么它就是恐龙。寐龙是比较典型的伤齿龙类恐龙，因此科学家判定它是恐龙。"我回答。

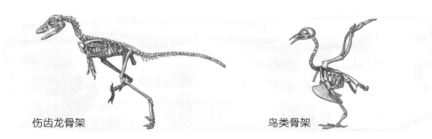

伤齿龙骨架　　　　　　　　鸟类骨架

"寐龙像鸟类一样睡觉，还把头插进翅膀里，那么它像鸟一样是温血动物吗？"黄米的问题环环相扣。

"关于原始鸟类是不是典型的温血动物，现在还有争议。我认为，它以蜷起来的姿态睡眠很可能是为了减少热量散失。这也显示它应该是新陈代谢水平比较高的动物。因此，我们可以这样推测：小型带羽兽脚类恐龙，如小型伤齿龙类、小盗龙类、窃蛋龙类，是温血动物，因为羽毛的主要功能就是保温；而其他不长羽毛的恐龙，如甲龙和角龙等，是变温动物。"我说。

鹦鹉嘴龙和小盗龙

在一块化石前，有很多人围观拍照，罗胖在好奇心的驱使下，拉着黄米一起走了过去。然后，他兴奋地挥着手，对我们说："快来看！不看的话，你们会后悔终生的。"原来，这里展示着一对鹦鹉嘴龙的化石。

原来恐龙之间也有感天动地的感情。

很多人对这块化石进行了猜想，认为化石中的鹦鹉嘴龙是一对夫妻，在火山喷发、天崩地裂的一瞬间，雄性恐龙冒死扑在雌性恐龙身上，上演了一场夫妻不离不弃的悲情戏。尽管1亿多年过去了，它们还保持着临死时那惊恐、紧张的姿势。

场馆还用一首诗诠释它们的爱情：

永恒的爱

高山可以倏然倾覆

大地亦能片刻裂崩

跨越时空

沉寂中

凝固爱的图腾

曾经挚爱相依互守

陶醉柔情似水如风

不离不弃

洪荒里

见证爱的永恒

在同学们感叹着爱情的伟大的时候，我给他们讲了故事的另外一种可能："关于这对鹦鹉嘴龙化石，科学家还给出了另一种解读：或许是鹦鹉嘴龙在火山喷发的时候奋力挽救自己年幼的孩子，因为鹦鹉嘴龙会群居抚育后代。这种推测是有根据的。科学家在辽西义县陆家屯发现过一窝35只鹦鹉嘴龙保存在一起的化石，里面就是成年鹦鹉嘴龙在保护34个幼崽的场面。鹦鹉嘴龙对后代的爱就是如此伟大、感人。"

"鹦鹉嘴龙因为是植食性恐龙，而且体形偏小，所以需要集群活动，以应对来自肉食者的攻击。"黄米进行了补充。

小宝宝们，不要害怕。

鹦鹉嘴龙化石

"黄米说得非常好。在中华龙鸟、北票龙等掠食者眼中，鹦鹉嘴龙无疑是上等的食物。"我说。

"鹦鹉嘴龙是慈爱、温顺的。在那个时代，它们摆脱不了掠食者的爪牙。这正符合'弱肉强食'的荒野生存理论。"郭铲儿感慨地说。

罗胖指着一具看上去很像大喜鹊的标本，挠着头说："奇怪，这只恐龙怎么长着4只毛茸茸的翅膀？"

我向他解释道："它就是热河生物群中的奇特恐龙、白垩纪的四翼精灵——小盗龙。大家看，它的四肢上长着羽毛。这样小盗龙就相当于长了两对翅膀。小盗龙前肢、后肢以及尾巴上的羽毛都是非对称的，且后肢上的长羽毛是真正的飞羽。这些飞羽和现代鸟类的飞羽相似。

小盗龙复原图

"科学家认为，后肢上的羽毛可以帮助小盗龙在森林里滑翔。你们知道吗？小盗龙体形较小，平时可能栖息在树上。当发现猎物时，它们会像鸟儿一样，频繁振动翅膀，向猎物滑翔而去。尖尖的爪子可以让它们牢牢地抓住猎物，满口锋利的牙齿则可以让它们轻松地享受美餐。当然，在滑翔的过程中，它们还可以捕捉空中的飞虫。飞翔对尾羽龙来说是一个遥不可及的梦想，小盗龙实现了尾羽龙的梦想。飞行使它们获得更多的食物，让它们的生存压力也减少了很多。"

　　"我听过一个关于小盗龙学飞翔的故事，讲给大家听听吧。"黄米说。

约 1.2 亿年前，很多地方又干又热。那时，辽宁的西部还保留着茂密的大森林。这天刚下过雨，空气湿润，植物伸展着身体，享受着温暖的阳光。

在这片森林中，长着羽毛的小盗龙是不折不扣的杀手。虽然它只有乌鸦那么大，但每天都要吃掉很多食物。森林中的昆虫和湖里的鱼都是它的吃食。

此刻它正躲在一棵大树后，轻巧地张大嘴巴，将飞过的蜻蜓一口咬住。

热河鸟

你这只坏鸟，森林里的蜻蜓都快被你吃光了。

你叫谁鸟呢？你没看到我有4只翅膀吗？我跟你可不一样，我是恐龙。

大千世界无奇不有，怎么会有你这样长着4只翅膀的怪物？

我要去湖边抓鱼，懒得跟你说话。

话说你走路的样子好奇怪！你还没学会走路吗？

小盗龙因为后肢布满层层的羽毛，所以走路时不是蹭到地，就是碰到植物，看上去怪怪的，像个蹒跚学步的孩子。

72

在这片树林里，天宇盗龙正在追一只 30 多厘米长的大蜥蜴。

突然有一个黑影晃过。

那是什么东西？好可怕！

你瞎叫什么？

我看见一个黑影飘过去了！

你都要死到临头了，还有什么好怕的？

其实，那个黑影就是拥有主角光环的四翼精灵——小盗龙。

此时，小盗龙也发现了天宇盗龙。它本想躲起来，但是已经来不及了，天宇盗龙抬起头时正好和它四目相对。

天宇盗龙发现了更加肥美的猎物，于是马上放弃追逐大蜥蜴，迈开腿，改追小盗龙。

小盗龙看到不远处有一棵大银杏树，奋力跑了过去。别看它在地上跑得狼狈不堪，一到树上就变得很灵活。很快，它就爬到了很高的树枝上。

小盗龙在地面上可是跑不快的。它张开前肢，用力拍打着，想要飞起来，可是它还做不到从地面起飞。眼看天宇盗龙逼近了。

天宇盗龙也来到了树下，可是它不会爬树，怎么也够不着小盗龙。

小盗龙，你还是快点下吧！不然，我就一直守树下，反正你饿了还是下来的。那时，你就会为我的盘中餐。

天宇兄，你知道什么是"士别三日当刮目相看"吗？你还不知道我的新技能吧。

说完，它突然一跃而起，张开四翼，朝不远处的另一棵树滑翔而去，然后稳稳地落在树枝上。

小盗龙继续向前滑翔着，有时还能像鸟儿一样拍拍翅膀。黑色的羽毛在太阳光的照射下闪耀着光泽，让它显得很是神气。

这家伙什么时候学会飞了？

不一会儿，它就在天宇盗龙的视野中消失了。

小盗龙非常擅长爬树和滑翔。它有两对翅膀，后肢的趾爪可以对握，方便它沿着树干不断向上攀爬。就这样，周而复始，小盗龙的滑翔能力不断提高，生活范围也不断扩大。

黄米把故事讲得绘声绘色，让我们好像亲眼看到了小盗龙躲避天敌的一幕。

"张老师，小盗龙不能像鸟儿一样，直接从地面飞起来吗？"罗胖一脸认真地问我。

"肯定是不能的。这是因为小盗龙还没有进化出像鸟类一样轻盈的骨骼以及能够展翅飞行的羽毛。它虽然有两对翅膀，看起来像双翼飞机，但前肢没有完全翼化，还长着爪子，后肢上的长长的羽毛无法满足飞行的需求。因此，科学家认为小盗龙还不能直接从地面起飞，只能在树与树之间滑翔。此外，小盗龙也不能从树上直接跃降到地面，只能沿着树干慢慢爬下来。"我回答。

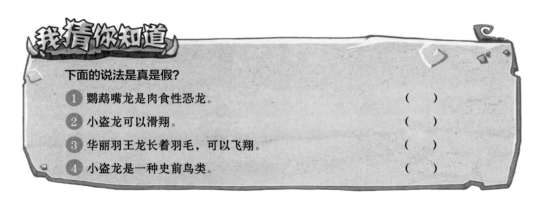

我猜你知道

下面的说法是真是假？

1 鹦鹉嘴龙是肉食性恐龙。　　　　　　　　（　　）

2 小盗龙可以滑翔。　　　　　　　　　　　（　　）

3 华丽羽王龙长着羽毛，可以飞翔。　　　　（　　）

4 小盗龙是一种史前鸟类。　　　　　　　　（　　）

"这次我真是大开眼界了！长着 4 只翅膀的小盗龙、爱炫耀'尾巴毛'的尾羽龙、巨大的华丽羽王龙、像鸟一样睡觉的寐龙，这些不同寻常的恐龙推翻了我之前对恐龙的固有印象。以前我一直认为恐龙都长着和鳄鱼一样的皮肤、冷血、不会飞。现在我知道了，有些恐龙不仅身披羽毛，还有可能会飞呢。"焦圈兴奋地说。

罗胖接着说："要是再有人问我恐龙最后都灭绝了吗，我就会告诉他，虽然恐龙灭绝了，但是有一支恐龙演化成了鸟儿，飞翔在广阔的天空。我现在真想吃一顿恐龙大餐，虽然吃不到真正的恐龙，但是可以吃到它们的后代，香喷喷的烤鸡就是个不错的选择。"

大家一起笑了。

白垩纪的鸟类

同学们来到了鸟类展区。这里展出了很多古鸟类化石，有义县鸟、燕鸟、会鸟、长翼鸟、朝阳鸟、热河鸟、甘肃鸟、孔子鸟等。

热河鸟化石　　　　　甘肃鸟化石　　　　　华夏鸟化石　　　　　孔子鸟化石

孔子鸟的大名吸引了同学们。展板上的孔子鸟化石标本十分完整，个体与鸡差不多大小，并有着清晰的羽毛印迹。

"孔子鸟是白垩纪很著名的鸟吗？"黄米问。

"是的，20世纪90年代，研究者在辽西地区发现了比较多的孔子鸟化石标本，还以古代思想家孔子的名字给它们命名。从演化角度来看，孔子

"孔子鸟"这个名字真好记。

鸟要比始祖鸟进步许多，如具有角质喙、口中无齿等。不过，孔子鸟的前肢还不是很发达，翅膀上还长着锋利的爪子。通过骨骼对比，科学家认为孔子鸟属于鸟类早期的原始类型，具有较强的滑翔能力。"我解释着。

"滑翔？"罗胖皱了皱眉。

"是的，孔子鸟虽然具有一定的飞行能力，但这种能力还不是很强。早期的鸟类能完全脱离树栖生活，从地面起飞，一方面依靠个体的减小，一方面依赖飞行器的完善，如甘肃鸟。"我说，"孔子鸟已经是真正的鸟类，也是目前已知的最早具有角质喙的鸟类。另外，在孔子鸟的化石中，部分个体长着长长的尾羽。科学家认为那是雄性孔子鸟的性别标志，也是炫耀和求偶的工具。"

"孔雀也是用尾羽求偶的。大家都见过孔雀开屏吧？"郭铲儿接过话。

"耀龙、尾羽龙、近鸟龙等恐龙的尾羽都有求偶的功能。"黄米补充道。

罗胖看到一只鸟的标签上写着"反鸟亚纲"这个词，脸上露出不解的神色："什么叫'反鸟亚纲'？"

我解释道："鸟类在分类学上属于鸟纲，人们一般将鸟纲分为古鸟亚纲、反鸟亚纲和今鸟亚纲。我们今天要参观的鸟类基本属于古鸟亚纲和反鸟亚纲。刚才大家看到的孔子鸟就是古鸟亚纲的成员。"

然后，我指着一只中国鸟的标本，说道："这只中国鸟就是反鸟。反

鸟类因肩胛骨和乌喙骨的连接方式与现代鸟类的正好相反而得名。它们是热河生物群中数量和种类较多的鸟类，尽管在前肢结构上和现生鸟类有些差别，但飞行能力很强，只可惜已经灭绝。"

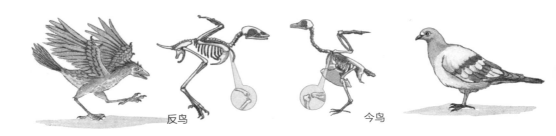

反鸟 今鸟

同学们仔细地看了半天，纷纷摇头："反鸟类看起来和现代鸟类几乎一模一样啊！"

我说兄弟，咱们长得几乎一模一样，就是你嘴里有牙，而我没有！

我跟你一点都不像！我们的区别是在骨子里的。

蛎鹬　韩氏长嘴鸟

我继续为他们讲解："外观上的确看不出它们的区别，得看骨骼。就连很多专门研究古鸟类的学生，在初学反鸟类的概念时，也要在化石上找半天，才能弄清楚反鸟类与今鸟类的区别。发现这一特点的科学家很伟大，在仅有的几件反鸟类标本中居然能够找出这种细微的差别。"

是我眼花了吗？这种鸟的骨骼真是令人惊奇！

焦圈思考片刻，问道："您刚才说反鸟类是热河生物群中数量较多的鸟类，那么它们有生存到现在的后代吗？"

我摇摇头，说道："在白垩纪末期，一场未知的灾难不仅直接导致了当时的霸主恐龙彻底灭绝，而且让恐龙的近亲翼龙和生活在水中的沧龙类、蛇颈龙类，以及菊石等许多无脊椎动物也在这次事件中灭绝。丰宁原羽鸟、华夏鸟、娇小辽西鸟等当时常见的反鸟类也因这场灾难全部灭绝。"

一向不爱说话的茉莉不解地问："反鸟进化得那么好，为什么会全部灭绝了呢？"

我想了想，解释道："很多生物学家将反鸟类的灭绝归结为运气不好。在地球这个神奇的舞台上，生物要想生存下去，除了需要适应环境的能力，有时候也需要一点点运气。比如：白垩纪时期的长趾辽宁鸟、北山朝阳鸟、马氏燕鸟、葛氏义县鸟等今鸟类的运气就比较好。虽然它们和反鸟生活在同一个地区，但是它们中的大多数适应能力比较强，可以在森林里、溪水边生活，且十分善于在地面上行走，而反鸟类多数只能栖息于枝头。能够适应多样的生存环境使得一些今鸟类逃过大灭绝，我们如今看见的这些鸟类都是这

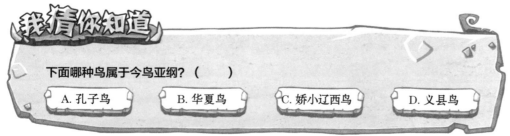

些幸存者的后代。大灾难过后，这些鸟类继续快速地演化，抛弃了牙齿、长尾、利爪和其他的原始鸟类特征，开始向世界各地发展。"

始祖鸟　　　　孔子鸟　　　　中国鸟　　　　鸽子

这时，焦圈问了一个很有意思的问题："为什么在恐龙灭绝后，鸟类没有像祖先恐龙一样，取得地球的统治权呢？是因为它们的体形太小了吗？"

我摊开双手，笑着说："恐龙灭绝后，地球上也出现过一些体形巨大的鸟类，比如骇鸟、恐鸟、象鸟等。这些大型鸟类大多不会飞行。至于它们为什么没有统治地球，那是因为有另外一类动物异军突起。这种动物就是哺乳动物。哺乳动物比鸟类更能适应环境，身体比鸟类更强壮，所以迅速登上历史舞台，成了地球的新霸主。关于哺乳动物的演化，我会在以后与大家进行详细讨论。"

"地球上的生物真是太神奇了！"大家一同感慨道。

我们才是地球的主宰者。

我也没想和你们争啊！

地球上的第一朵花

我们一行人走进朝阳鸟化石国家地质公园的植物展厅，发现很多游客围在一具"瘦小"植物的化石前。同学们感到很奇怪："张老师，这株植物有什么特别之处吗？为什么那么多人在参观它？"

我远远地一瞧，说道："别看它长得小，身价可不小呢。它就是大名鼎鼎的辽宁古果，是目前已知的世界上最早出现的开花植物。"

听到这，同学们顿时有了兴趣，急忙也围了过去。

辽宁古果复原图

辽宁古果化石

看了半天，罗胖最先摇着头说："它看上去有点像普通的小树苗，根本就没有花。"

我笑着说："辽宁古果属于古果科，中华古果也是古果科植物。你们现在可能无法将眼前的这株瘦瘦小小的植物和美丽的花联想到一起。花是美丽的，那么世界上最早的花开在哪里呢？它长什么样呢？这些令世界古植物学家困惑的问题因辽宁古果的发现而有了答案。

"1996 年 11 月的一天，一位刚从辽西野外回来的同事为古生物学家孙革送来了 3 块化石。由于当时比较忙，孙革只是将标本暂时放到了抽屉里。两天后，当打开用纸包裹着的化石时，他马上被眼前的第 3 块化石吸引了：在这块化石上有一株貌似蕨类的植物，它有分叉状的枝条，似叶子的部分呈凸起状，显然不同于常见的蕨类植物。当时的孙革怀疑自己是不是眼花了，于是再用放大镜仔细观察。的确，在主枝和侧枝上呈螺旋状排列着 40 多颗类似豆荚的果实。他又把化石放在显微镜下观察，清晰地看到，有种子包藏在果实之中。只有开花才能结出果实呀，所以它一定是被子植物。

"当晚，'辽宁古果'这个新的分类群便被确定下来。作为迄今为止人们已知的世界上最早的被子植物，生长于 1 亿多年前的辽宁古果拥有了'显赫'的出身。"

这真是足以让世界震惊的大发现。

辽宁古果化石

辽宁古果是一种原始的水生草本被子植物，长得有点像紫罗兰。

辽宁古果复原图

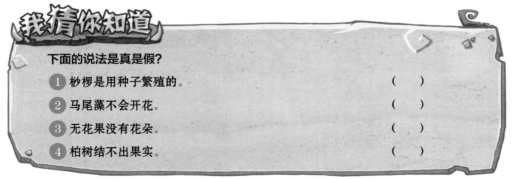

我猜你知道

下面的说法是真是假？

1. 桫椤是用种子繁殖的。 （　）
2. 马尾藻不会开花。 （　）
3. 无花果没有花朵。 （　）
4. 柏树结不出果实。 （　）

"被子植物是什么意思啊？"罗胖问。

我回答："被子植物就是开花植物，在我们生活的方方面面都有它们的身影。比如：我们吃的大米、玉米、小麦和水果，还有我们身上穿的棉麻材质的衣服，乃至你们喜欢的美丽的鲜花，都来自被子植物。被子植物的演化史非常精彩，你们想不想听关于它们的故事呢？"

"张老师，您快讲讲吧！"罗胖迫不及待地想听故事了。

我们都是被子植物大家族的成员。

我讲道："不是所有的植物都能开花结果，比如松树、柏树、银杏树、水杉、苏铁等。这些不能开花结果的植物叫'裸子植物'。它们的种子裸露，没有果皮包裹。它们不会开花，没有花就没有果实。大家不要再把白果和松塔当成果实啦。果实一般包括果皮和种子两部分，白果和松塔没有果皮，所以不能叫果实。

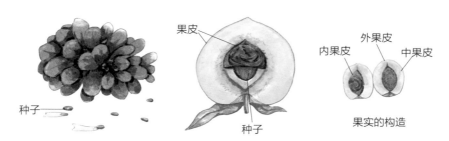

种子

果皮

种子

内果皮　外果皮　中果皮

果实的构造

　　"裸子植物和被子植物的相同点是都有种子，科学家把这两类植物统称为'种子植物'。

　　"它们之间的不同点是：被子植物的种子有果皮包裹，不易受到损伤，因而存活率更高；而裸子植物的种子裸露在外，更容易受损。虽然裸子植物比被子植物低等，但是裸子植物并非植物的始祖。

　　"陆生植物的始祖出现在4亿多年前，一些绿藻演化成原始维管植物，从海洋向陆地扩展，让光秃秃的陆地披上绿衣。裸蕨类和石松类是目前已知的较早出现的陆生植物。

"蕨类植物进化出了根、茎、叶。在泥盆纪和石炭纪，它们成了陆生植被的主角。我们现在见到的蕨类植物一般比较矮小。与现在不同，当时有许多高大的蕨类植物，如鳞木、芦木、封印木等，能长到10多米高。

"不过，蕨类植物有个缺点，那就是必须在水中繁殖。但是，从二叠纪开始，全球气候变得干燥起来，缺水的蕨类植物从此一蹶不振。因为能够适应干燥的环境，裸子植物成为新的陆生植物的主角。于是，在接下来的约两亿年间，裸子植物成了地球上最繁盛的植物。因此，中生代也被人们称为'裸子植物时代'。"

我猜你知道

下列哪种植物不是裸子植物？（　　）

A. 红豆杉　　B. 箭竹　　C. 苏铁　　D. 银杏

焦圈思考片刻，说道："恐龙生存的时代就是中生代，我可以理解为植食性恐龙的主要食物是裸子植物吗？"

"是的。"我肯定了焦圈的说法，"侏罗纪时期，松柏、苏铁和银杏是绝对的主角植物，高大的植食类恐龙，如马门溪龙，可以利用身高优势将高处的叶子吃进嘴里，而剑龙等恐龙只能吃低矮的苏铁类植物。不过，到了白垩纪，被子植物诞生了。它们迅速赶超裸子植物，很不客气地把裸子植物挤成了'非主流'。地球上开始有漂亮的开花植物了。"

"那么，被子植物是如何后来居上的呢？它有什么法宝吗？"郭铲儿问。

我回答："被子植物生存繁衍的秘诀首先是演化出花朵。一朵花的核心部位是雌蕊和雄蕊。雄蕊产生精子，雌蕊产生卵子，成功传粉受精后形成受精卵，将来发育成胚。

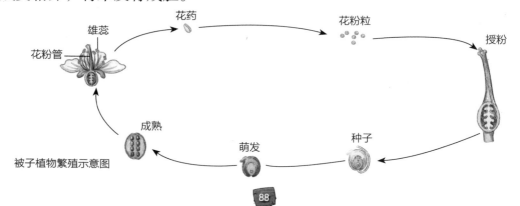

被子植物繁殖示意图

"被子植物的传粉策略主要有两种。一种是借助风力，花粉从一朵花的雄蕊上被吹到另一朵花的雌蕊上。通过风媒传粉的被子植物有小麦、玉米等。它们的花通常很小，也没有鲜艳的颜色和芳香的气味，不能引来昆虫帮忙传粉。不过，它们的花粉轻、干燥且量多，便于被风吹送。

起飞了！孩儿们快飞吧！

"被子植物的另一种传粉策略是利用昆虫，也就是虫媒传粉。昆虫数量庞大、身形小巧，很适合传播花粉。风媒传粉利用风把花粉吹到各处，但花粉是否能落到雌蕊上，就要看运气了；而虫媒传粉借用昆虫的身体进行传粉，命中率要高得多。因此，昆虫传粉被认为是白垩纪中期被子植物大爆发的一个关键因素。

"几乎所有能吸引人们眼球的花朵都采取了虫媒传粉的策略。这些花朵较大且颜色鲜艳，有芬芳的气味和甘甜的蜜汁。比如：桃花盛开时，粉红色的花一朵紧挨着一朵，挤满整棵树，散发着沁人心脾的阵阵清香。这些桃花就像站在舞台中央、聚光灯下的浓妆艳抹的大明星，十分耀眼。桃花高调出场，就是为了'招蜂引蝶'，吸引成群的昆虫帮自己传播花粉。成功授粉后，桃树就会结出又甜又香的桃子。"

"张老师，您把桃花比喻成大明星，这太贴切了。几乎每年桃花盛开的时候，我的妈妈都会和桃林合影，就像见到大明星一样，一定不会错过合影的机会。"茉莉笑着说。

"那小虫子们更会被桃花大明星迷得找不到北。"郭铲儿开着玩笑。

"在被子植物出现之前，昆虫的数量也没有那么多。漫长的生命演化将被子植物和昆虫紧密地联系在了一起。被子植物为昆虫提供花蜜，昆虫为被子植物传播花粉。在这一过程中，被子植物为了方便昆虫传粉形成了美丽的花瓣、迷人的花香和甜甜的花蜜；昆虫为了方便获取花蜜，长出了专门吸食花蜜的口器。它们互利合作，促进了彼此的繁荣发展。"

我停顿了片刻，给同学们一点消化知识的时间，然后接着说："在辽宁古果被发现的约半年前，人们发现了一种晚侏罗纪昆虫——网翅虻。网翅虻是一种访花昆虫，长着长长的口器，而这种结构的口器是用来吸食花蜜的。这表明当时已经有花朵存在。花朵分泌花蜜和昆虫长出'吸管'这种生物间相互适应的进化叫'协同演化'。

"网翅虻的出现为被子植物侏罗纪起源学说提供了新的证据，并将被子植物出现的时间提前了约200万年。"

"侏罗纪是裸子植物的极盛期，很难想象那些恐龙在松柏、苏铁、银杏摇曳的世界里，突然发现一朵可爱的小花，会有什么反应。"罗胖说。

"罗胖，你不要胡乱想象了好吗？"焦圈说。

"真的太精彩了，它们紧密配合，协同演化。最后，昆虫成为动物界种类最多的动物，被子植物成为植物界种类最多的植物。"黄米激动地说。

"如果没有被子植物，我们就吃不到苹果、香蕉、菠萝这些美味的水果了。"罗胖笑着说。

焦圈立刻接过罗胖的话："三句话离不开吃，你就不能说点有技术含量的话？"

"我正想问张老师呢！被子植物为地球上的动物，包括我们人类提供了这么多美味的果实。这对它们自己有什么好处呢？"罗胖的问题果然还是和吃有关。

我回答："罗胖提出的这个问题正好引出了我想说的关于被子植物生存繁衍的第二个秘诀——种子。一些水果，如苹果、梨、西瓜等，还有一些常见的蔬菜，如茄子、西红柿、南瓜等，都是由雌蕊中的子房发育而成的。它们通常有坚硬的种子。"

"我吃到西瓜的种子会立刻吐出来，然后把它们种在园子里。"罗胖得意地说。

"罗胖的这种做法正是被子植物最想达到的效果。由于种子比较硬，人们吃水果或蔬菜时自然会吐出坚硬的种子。即使动物把种子吃进了肚子里，由于难以消化，还是会在排便的时候将种子排出来。这样种子就可以被

动物带到其他地方，然后生根发芽。"我说。

"水果的种子不仅坚硬，有些还有毒呢！不能随便吃种子。"郭铲儿说。

"是的，很多蔷薇科植物的种子，比如苹果、桃、樱桃、梨等水果的种子，会含有氰苷，但含量很低，一般不会使人中毒。"我补充道。

"这是被子植物在告诉人类：我已经给你们美味的果实啦！作为回报，你们不要吃我的种子，帮我将它们播种吧。"郭铲儿开心地说。

刚才吃的果子真甜。

终于从这个家伙的胃里出来了！差点就被消化了！

同学们都笑了。我想，这爽朗的笑声应该代表着收获知识后发自内心的喜悦吧。

"张老师，我明白了，花和果实就是被子植物的两个法宝。有了它们，被子植物才能在演化的道路上所向披靡，战胜它的前辈。"黄米的总结性发言非常好。

朝阳鸟化石国家地质公园的参观结束了，在返回去的路上，大家边走边聊。这时，茉莉忽然大叫着跑了过来："张老师！不好了，罗胖同学被蜜蜂蜇伤了。"

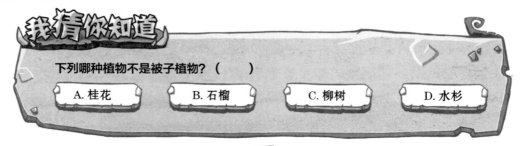

我猜你知道

下列哪种植物不是被子植物？（　　　）

A. 桂花　　　B. 石榴　　　C. 柳树　　　D. 水杉

我赶紧跟着她跑了过去，看见罗胖同学正用一只手捧着另一只受伤的手，一脸痛苦的表情。

我观察了一下四周，发现在不远处的树上有一个大蜂巢，数百只工蜂在上面进进出出的。我先将全部同学带到远处，然后在一个山坡的树荫下坐下来，接着从急救包里拿出镊子，将罗胖手上的刺拔了出来。

罗胖略带哭腔地恳求我："张老师，请你赶快叫120吧，我觉得自己快不行了！"

"这么严重吗？罗胖，你要撑住呀！"郭铲儿着急地对罗胖说。

我抓住他的手，安抚他："被普通蜜蜂蜇伤不会有生命危险。你忍一下，一会儿就好了。不过，你得先告诉我为什么要招惹蜜蜂。"

罗胖小声地说道："我看到树上有个蜂巢，想着那里头肯定有新鲜的蜂蜜。我听说野生的蜂蜜非常好吃，于是拿了一根竹竿，想把蜂巢捅下来。"

罗胖同学真是让我哭笑不得。我严肃地对他说："罗胖同学，这种行为是非常危险的。你应该庆幸蜇伤你的只是普通蜜蜂，而不是有毒的黄蜂，否则你真的会有危险。"

"为了吃连命都不要了，罗胖，你真好笑！"焦圈哈哈大笑，其他人也

跟着笑了起来。

罗胖摊了摊手，耸耸肩，表示自己以后再也不招惹蜜蜂了。

我点点头："蜜蜂这类昆虫虽然带刺，有时还会伤到人，但是对我们人类、对大自然非常重要。"

我让他们坐在原地休息，然后对大家说："好吧，让我们一起大开脑洞，发挥各自的想象力。如果有一天，昆虫突然消失了，世界会怎么样？"

罗胖第一个说："那就没有蜜蜂蜇伤我的手指了。不过，我也吃不上可口的蜂蜜了。"

其他几位同学陆陆续续地发表各自的观点：

"没有了蚂蚁，食蚁兽估计会饿死。"

"鸟类只能吃素了！"

"那些靠昆虫传粉的植物会灭绝。"

"植物的死亡会影响植食性动物的繁衍，那么肉食性动物也会被影响。"

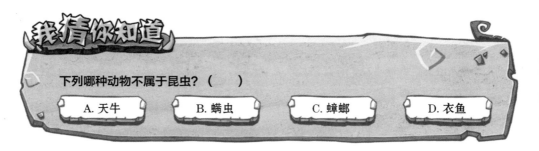

我猜你知道

下列哪种动物不属于昆虫？（　　）

A. 天牛　　　　B. 螨虫　　　　C. 蟑螂　　　　D. 衣鱼

同学们的回答都特别棒。我欣慰地对他们说："大家说得都有道理。在食物链中，昆虫是很重要的一环。如果它们灭绝了，生态系统的平衡就会受到破坏。"

罗胖同学举起"受伤"的手表示赞同："对啊，昆虫真是无所不在。"

这时，一只蜘蛛爬到旁边的树枝上。茉莉看到后，吓得大叫起来："蜘蛛！我最怕蜘蛛这种昆虫了！"

"蜘蛛才不是昆虫呢！"黄米对茉莉说。

"什么？蜘蛛不是昆虫？难道那些小鸟是呀？"茉莉不服气地说。

"黄米说得没错，蜘蛛确实不是昆虫哟。"我赶快打圆场。

"那我们该怎么分辨这些小家伙是不是昆虫呢？"茉莉问。

我为大家讲解："昆虫的身体结构包括头、胸、腹 3 个部分，一般具有 3 对足和两对翅。"

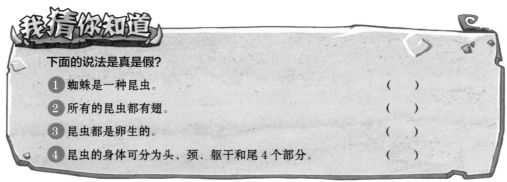

我猜你知道

下面的说法是真是假？

1. 蜘蛛是一种昆虫。　　　　　　　　　　（　　）

2. 所有的昆虫都有翅。　　　　　　　　　（　　）

3. 昆虫都是卵生的。　　　　　　　　　　（　　）

4. 昆虫的身体可分为头、颈、躯干和尾 4 个部分。　　（　　）

"蜘蛛有 8 只脚呢！这样看来，它们的确不是昆虫。"茉莉若有所思地说着。

"幸好蜘蛛个头儿小，对人们造成的恐惧在可控范围内。如果一只像足球那么大的蜘蛛突然出现在我面前，估计我会直接晕过去。"焦圈的想法总是很独特。

"同学们，巨虫入侵地球这类事情可不只是发生在科幻电影或小说中，巨虫曾经在地球上真实存在过。别看昆虫现在长得这么小，但是在石炭纪，它们个个都是巨无霸。比如：巨脉蜻蜓翼展足有 70 多厘米，是人们目前已知的地球上有史以来最大的昆虫。"我说。

同学们听完，个个惊讶得张大了嘴巴。

巨虫时代——石炭纪

"那时，昆虫的个头都很大。现在的蚊子能被我们一巴掌拍死，可若是在石炭纪，你可能不敢用手直接拍蚊子，因为它可能比你的手掌还大。石炭纪的一些节肢动物也是大块头，蜈蚣跟小汽车一样长，蝎子像小狗一样大。"我继续给大家讲着。

　　"如果被这种大蝎子咬上一口，那滋味绝对不好受。"罗胖心有余悸地说。

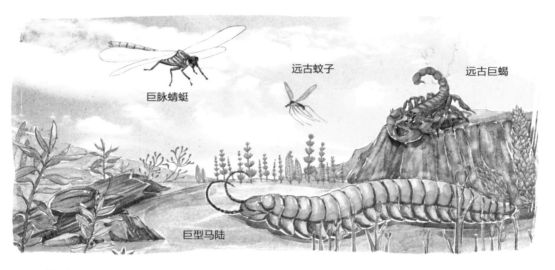

巨脉蜻蜓　　　远古蚊子　　　远古巨蝎

巨型马陆

　　茉莉好奇地问："为什么石炭纪的昆虫长得那么大？"

　　我笑了笑，解释道："原因与我刚才讲的植物演化有关。石炭纪时期，蕨类植物占领陆地，广阔的雨林释放出很多氧气，一些节肢动物成了高浓度氧气环境的最大受益者。高浓度的氧气让它们的气管越来越粗，身体也就越来越大。石炭纪最大的特点就是茂盛的蕨类植物和巨大的昆虫。你们知道石炭纪这个名字是什么意思吗？"

　　"石炭纪是重要的煤炭形成期。"黄米回答。

　　我肯定了黄米的回答："对，这一时期陆地上出现了大规模的森林，为煤的形成创造了有利条件。石炭纪的地层中含有丰富的煤炭，占全世界煤炭总储备量的一半以上。"

　　茉莉又问道："昆虫从什么时候开始变小的？"

我告诉大家："石炭纪末期，全球气温开始下降，气候变得干燥，雨林逐渐减少导致大气中的氧气含量降低，那些巨虫的个头就慢慢地缩小了。捕食昆虫的鸟类在白垩纪早期大量出现。这些昆虫的天敌限制了大型昆虫的进化。"

郭铲儿想了想，问道："白垩纪以后，昆虫因为鸟类的大量出现就一蹶不振了吗？"

我摇摇头，告诉郭铲儿："当然没有。昆虫虽然害怕鸟类，但是它们的体形在慢慢变小。这样鸟类就不容易捉到它们。体形小了，对食物的需求也会变少，更有利于繁殖后代。昆虫虽然变小了，可是直到现在还生活得很好呢。"

郭铲儿听完兴奋地说："一会儿是巨虫，一会儿是小虫，昆虫的进化史和故事一样有趣！太有意思了！"

石炭纪后，雨林减少，巨虫消失，爬行动物此时开始崛起。它们是恐龙、鸟类和哺乳动物的共同祖先。中生代的哺乳动物又会在生命演化史上谱写怎样的华章呢？

在夹缝中求生的哺乳动物

朝阳鸟化石国家地质公园之旅结束后，我们一行人来到位于义县的宜州化石馆。大家首先来到哺乳动物展厅，罗胖突然大叫起来："你们看，这里有一只老鼠！"

我笑了笑，说道："它是四合屯的小明星——五尖张和兽。你们看，它的牙齿有 5 个尖。因为这块化石是被一位名叫张和的化石爱好者发现的，所以研究者就用张和的名字为化石标本命名。

"张和兽介于爬行动物和现代哺乳动物之间。它的四肢与现代哺乳动物的不同，肘部向外弯曲，有点像鳄鱼的四肢。这正是原始哺乳动物的特征之一。别看它长得不起眼，它的后代可是地球的统治者呢！"

焦圈吃惊地说道："我们人类才是地球的统治者啊！"

我纠正了焦圈的说法："科学的说法应该是哺乳动物。"

同学们面面相觑："哺乳动物？"

我笑着说："哺乳动物是脊椎动物中最高等的动物，而我们人类就是最高等的哺乳动物。谁能说一下什么是哺乳动物吗？"

同学们很快给出了各自的答案："老虎。"

"狼。"

"老鼠。"

"熊猫。"

"鲸。"

"人。"

同学们列举了很多哺乳动物，我点点头，肯定了大家的回答："大家说得都不错。现生哺乳动物包括常见的牛、羊、猪、狗、虎、狼、狮、豹等。天上飞的蝙蝠，田地里打洞的老鼠，海洋中畅游的鲸，森林中攀援的猿猴，以及两脚行走的人类，都是哺乳动物大家族的成员。这是哺乳动物艰苦奋斗了两亿多年的结果。在这之前，哺乳动物走了很长很长的路。可以说，哺乳动物是地球历史上最伟大的生命传奇。你们还能说说哺乳动物有什么特征吗？"

这个问题显然有一点难度，大家思考了一会儿才陆续回答：

"哺乳动物一般是胎生的。"

"什么是胎生？"

"就是以胎儿的样子出生，而不是以蛋或卵的形式出生。"

"哺乳动物是恒温动物。"

"哺乳动物长有毛发。"

"可是，人身上没有毛啊。"

"人有头发啊！"

等同学们发表完各自的看法，我总结了大家的观点："大家说得都很好。哺乳动物一般用肺呼吸，是动物发展史上最高级的阶段，也是与人类关系最密切的一个类群，用乳汁哺育后代是哺乳动物最显著的特征之一。"

茉莉同学小声地说："这个我了解。我的弟弟4个月大，只能吃我妈妈的母乳。"

其他几个孩子听到后都笑了，我对他们说："可千万不要小看哺乳这一行为。哺乳能提高后代的存活率，可是其他类动物不具备的能力。"

"为啥哺乳能提高后代的存活率啊？"罗胖对我说的内容表示不理解。

"罗胖，你想想，在一个食物缺乏的年代，如果鸟妈妈找不到食物，那小鸟会怎么样呢？"黄米给罗胖出了道题。

"会饿死。"

"要是换成刚出生的小鹿呢？"

"它可以吃妈妈的奶呀！"

"这就是哺乳动物的高级之处。"

罗胖表现出一副恍然大悟的样子："我明白了，哺乳动物宝宝依靠妈妈的乳汁获取营养。相比其他动物宝宝吃的不稳定的食物，妈妈的乳汁的确更可靠呀！"

我猜你知道

以下哪种动物不是哺乳动物？（　　）

| A. 鲸 | B. 海豚 | C. 鳄鱼 | D. 海狮 |

我点了点头，继续说道："哺乳动物中除了鸭嘴兽、针鼹等极少数的动物是卵生，其他动物都是胎生。胎生就是幼体在母体内发育到一定阶段以后才脱离母体。这种生产方式能够增加幼体的成活率。比如：小马驹出生几个小时后就能健步如飞了。"

在娘胎里我就开始练习奔跑了！

我又指了指自己的脑袋，说："高级哺乳动物拥有更发达的大脑，会学习，能思考，为了适应环境能不断地改变自身行为。这是其他生物不具备的特殊技能，也是作为高级哺乳动物的人类能够统治并改变地球的原因。"

"哺乳动物如此高级，其祖先竟然是这个不起眼的小老鼠？"罗胖一边指着五尖张和兽的化石一边说。

我点点头，说道："你别看它不起眼，那是因为哺乳动物起源于中生代，是跟恐龙同时期生存的。中生代的哺乳动物统称为'古兽'。在那个弱肉强食的时代，为了躲避恐龙等庞然大物，早期的哺乳动物只能在树上或挖洞生活。

"张和兽被认为是一些中生代哺乳动物和现生兽类的祖先类型。之后出现的砂犷兽、尤因它兽、冠齿兽等巨兽都是由类似张和兽这样的小型哺乳动物进化而来的！"

在放映厅，工作人员安排同学们观看了一部关于哺乳动物演化的电影。

三叠纪晚期是生物演化史上一个激动人心的时代，哺乳动物的祖先从这个时候开始崭露头角。它们的体形普遍很小，长得有点像老鼠，在恐龙脚下战战兢兢地活着。

人们在威尔士三叠纪地层中发现了大量摩根齿兽化石，又在中国云南侏罗纪早期的地层中发现了这种原始哺乳动物的化石。

这注定是个不平凡的开局。

一只摩根齿兽正在一片茂密的树林中寻找它最爱的食物——昆虫。一群禄丰龙从旁边走过，脚步震得地面直晃，巨大的身影慢慢向摩根齿兽靠近。

我差点被巨龙踩死。

镜头又把我们带到白垩纪早期的中国辽西地区，这里生活着一种早期哺乳动物——五尖张和兽。它们虽然比摩根齿兽大了不少，但在恐龙称霸的时代也只能小心翼翼地度日。

艳阳高照的一天，两只张和兽决定结伴出游。

天气好，心情就好，心情好就想出来转转。

你们好啊！我很少见你俩白天出来溜达呢。

这对小夫妻沉浸在美景中，没有发现盯上它们的中华龙鸟。

尽管中华龙鸟长得不算大，但是欺负弱小的张和兽还是绰绰有余的。

我猜你知道

下面的说法是真是假？

1. 哺乳动物是脊椎动物中最高级的一个类群。 （　　）

2. 所有哺乳动物的体表都有毛发，只是稀疏不同。 （　　）

3. 哺乳动物的生殖方式均为胎生。 （　　）

4. 哺乳动物靠乳汁哺育后代。 （　　）

中华龙鸟快速地冲了上去，一口咬住其中一只张和兽。这个倒霉的家伙还没来得及挣扎就断气了。

眼看着自己的另一半被咬死，另一只张和兽赶紧躲到湖边的一棵枯树下面。它感觉到中华龙鸟正在一步步向自己走来。

喂，龙鸟先生，你觉得岸上好还是水里好？

当然是水里好了！

中华龙鸟不假思索地回答完，就将那只躲在枯树下瑟瑟发抖的张和兽扔进水里。

狼鳍鱼看得目瞪口呆。

张和兽在水中拼命挣扎，四肢不停地拍打着，试图浮出水面，呛了好几口水。

还是岸上好！

中华龙鸟迈开大长腿，不慌不忙地向湖水中走了两步，将张和兽叼了上来，又往岸边一甩。

这群狼鳍鱼慌忙地游走了。

张和兽，你赶紧跑呀！

浑身湿漉漉的张和兽吓得魂儿都快没了，哪里还有力气跑？中华龙鸟一下就咬住了张和兽的脖子，然后将它吃了下去。

突然，画风一下子变了。在一个绵延的小河边，一只巨爬兽盯上了一群鹦鹉嘴龙。

巨爬兽慢慢接近一只小鹦鹉嘴龙，然后突然冲上去，用它粗大的爪子抓住小鹦鹉嘴龙，将这个可怜的小家伙吞进了肚子里。

影片中出现了两具爬兽化石。科学家在其中一具化石中找到了尚未消化掉的鹦鹉嘴龙骨骼。

一个讲解者说道："中生代哺乳动物居然吃恐龙！在这两具化石被发现之前，我们根本无法想象这样的画面。这具化石向人们证实：成为'盘中餐'的是一只鹦鹉嘴龙幼仔。可惜，在巨爬兽享用完这顿美餐后，附近的火山突然爆发了，它被埋进厚厚的火山灰中。"

中生代终究是属于爬行动物的时代，哺乳动物此时只能栖息在树林底部，无法到外面的空间拓展新的栖息地。

后来，哺乳动物的好运不期而至：大约 6500 万年前，在白垩纪末期，一枚小行星从天而降，引发森林大火、海啸、地震和火山喷发，因小行星撞击掀起的尘土遮天蔽日，长时间挥散不去，导致植物无法进行光合作用，从而慢慢枯萎。身躯庞大的植食性恐龙没了食物，纷纷死去，以植食性恐龙为食的肉食性恐龙自然无法独活。这些曾经统治地球 1.6 亿多年的庞然大物消失了。

而那些小型哺乳动物和鸟类因食量小，反而能适应食物不足的环境。于是，这些原本在夹缝中求生的小个子哺乳动物存活下来，甚至代替恐龙走上了统治地球的道路。

"和恐龙同时期生存的哺乳动物活得可真憋屈！还好天降行星，消灭了恐龙，为哺乳动物的发展提供了机会。"看完影片后，罗胖首先发表了自己的观后感。

"人们通常认为中生代的哺乳动物都是像老鼠一样的小型动物，昼伏夜出，以昆虫为食，整日可怜地生活在恐龙的阴影之下。但是，中国科学家在辽宁西部早白垩世的地层中发现了巨爬兽这种早期哺乳动物，还在一种个体稍小的爬兽的胃中找到了尚未被消化的鹦鹉嘴龙骨骼。这两个新发现改变了人们以往的认知，让人们意识到恐龙并非'王中王'，某些大型的中生代哺乳动物有能力和恐龙抢食吃。"我说。

来了群化石"猎人"

夏令营的最后一项活动是同学们最期待的——去野外挖化石。大家从后备厢中取出自带的工具，包括工兵铲、镊子、小型地质锤、扁铲、刷子、纸箱、标本袋、标签纸、胶带、护目镜、手套等。

来到挖掘场地，同学们很兴奋，焦圈开心地大叫起来："我来挖恐龙化石了！"每个人都坚信自己能挖到化石。

"这次我们挖掘的是白垩纪早期的地层。大家在使用工具时一定要注意安全，不要伤着别人。"我担心孩子们到处乱跑，提醒道，"野外探险有一定的危险性，这里人少，页岩、砂岩又比较松散，所以一定要当心，任

何人都不能单独行动。"

同学们已经迫不及待要开始挖化石了，听完我说的安全须知，赶紧点了点头，就各自行动了。

"我希望能挖出一具恐龙化石，哪怕再小都行。"焦圈说出了自己今天的愿望。

化石万千好，
安全第一条。

"我想挖出古鸟化石。"黄米说。

"我能挖到化石就行，不管它是什么化石我都会很开心。"茉莉说完，郭铲儿随即表示赞同。

焦圈看起来很有经验。他先选定一个浅沟，没几下就开辟出一小块地方，然后用铁铲使劲地深挖。

一定还有很多没被人们发现的动物化石，说不定咱们就是发现者呢！

那咱们可就出名了！

另一边，罗胖在不断地翻拣石块，拿着工兵铲挖挖这儿，敲敲那儿。他一会儿肯定地点点头，一副信心十足的样子；一会儿又摇着头，看起来有些失望。半个小时过去了，他仍然一无所获。似乎罗胖的耐心在半个小

时内已经消耗完了，后来他干脆一屁股坐到地上，擦了一把汗，说："挖掘化石太不容易了，这活儿我可干不了。大夏天的，像我这样的胖子不干活都出汗。要不咱们去市场买些化石吧，现在鱼化石、昆虫化石都是可以交易的。"

"罗胖，坚持一下，说不定会有收获呢。挖掘化石也是对意志力的一种锻炼，这种经历可是用钱买不来的。"黄米劝着罗胖。

罗胖看其他人都没有放弃的意思，只能无奈地继续挖起来。

焦圈运气比较好，也是功夫不负有心人，不一会儿就挖出了一些小化石。他兴奋地跳了起来，向大家说道："我挖到化石了！"

茉莉听到后，兴奋地跑了过来，摸着这些小化石，羡慕得不行。她拿着一块化石，跑过来问我："张老师，您看这是什么。"

我接过来一看，对她说："这是生活在白垩纪早期的三尾拟蜉蝣的幼虫化石。你看，它的尾巴有 3 个尾须！在白垩纪早期，这里到处是湖泊，三尾拟蜉蝣的幼虫生活在水中，因此这里有很多这种化石。"

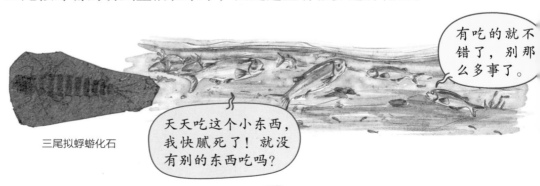

三尾拟蜉蝣化石

罗胖看焦圈挖到了化石，内心又燃起希望，也顾不上抱怨了，连忙凑到焦圈挖化石的地方，开始奋力挖掘。

焦圈很执着地想要挖到恐龙化石，嘴里嘟嘟囔囔地念叨着："化石，化石，请给我恐龙化石吧。"他努力挖了很久，就是不见恐龙化石的影子。

黄米和郭铲儿相隔 2 米远，黄米一直认真地挖着，还不时用手机查查资料。郭铲儿挖了一会儿，见没有任何收获，就不断地抱怨着："啥都挖不到啊！为啥别人就能挖出化石啊？看来，这真的需要运气。"

郭铲儿和茉莉这两个小女生在挖掘化石方面比较吃亏，只是推开上面的土层和碎石就快累倒了。我跟她俩说："挖不动就别挖了，翻拣碎石块，然后把它敲开，没准儿也会有收获。"郭铲儿不同意，坚持要亲自挖化石。茉莉采纳了我的建议，丢掉工兵铲，开始用手翻拣地上的石块。

我开始在破碎的岩石堆里仔细挑选着，不一会儿就发现了几块完整的狼鳍鱼化石，还有半块孔子鸟的后肢化石。两个女生看到了，赶紧从高处的岩层平台上滑下来。

同学们快看，我发现了好东西！

　　我教两个女生用扁铲寻找岩石块的缝隙，把已经变白的石板撬开几层，再仔细搜寻。果然，没过多久她们就发现了一些小型无脊椎动物印痕化石，还有很多蕨类植物化石。

张老师，这块地是不是你家的啊？怎么你一挖就有化石？

张老师，你简直就是火眼金睛啊！

　　两个小姑娘兴奋得合不拢嘴，还在一边窃窃私语："原来这也有秘诀啊！张老师不用费力挖掘，轻轻松松就能找到化石。真想让张老师把找化石的方法教给咱们！"

　　"刚挖掘出来的岩石不太好分层，需要经过一段时间的风化。当岩石变干后，原始的岩层便会分开。这时，用扁铲轻轻一撬，有化石的层面就会轻松裂开，化石就出现了。所以，我们找化石的时候，常常要先捡拾一下之前被挖掘出来但还没有裂开的岩石。这可是一条捷径。不过，要想找到品质比较好的化石，还是得亲自挖掘，寻找化石面。"

两个女孩用我说的"方法"，先后找到了东方叶肢介、三尾拟蜉蝣的化石，它们都是热河动物群的典型代表。

看到两个女生捡到了化石，男孩子们更加认真地挖掘起来。

突然，焦圈不小心滑倒了，双手下意识地抓住地面上的石片。他仔细看了看石片，顾不得手上细小的伤口，惊喜地向我招手："张老师，您快过来看！……"

我走过去，看到一条鱼很清晰地嵌在焦圈拿着的石片中。我高兴地说："焦圈你真棒，一下子就找到了狼鳍鱼化石。这条鱼还不小呢。它可是热河生物群中最具有代表性的物种之一。"

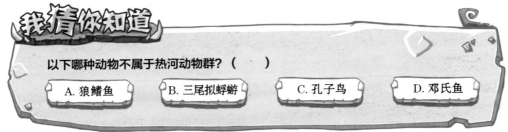

我猜你知道

以下哪种动物不属于热河动物群？（　　）

A. 狼鳍鱼　　　B. 三尾拟蜉蝣　　　C. 孔子鸟　　　D. 邓氏鱼

罗胖也走过来，打量着这块化石，然后用尺子测量了一下，说："这条鱼也太小了，只有8厘米长，都不够塞牙缝的。我都不稀罕买。"

旁边的焦圈反驳道："能找到这么大的狼鳍鱼化石已经很不容易了，你啥也没找到吧！"

罗胖把嘴巴噘得高高的，很不服气地说："这么小的化石算什么，我以后要找到超级大的鲨鱼化石！"

"罗胖同学，你的理想很难实现，鲨鱼很难形成化石。你最多能找到鲨鱼的牙齿化石，而且这也是可遇而不可求的。"我在一旁说着。

罗胖同学一脸不可思议地说："这么小的狼鳍鱼都能留下清晰的化石，鲨鱼那么大的鱼怎么会留不下化石？"

同学们听到我俩的讨论，都停下了手头的事儿，很认真地听我和罗胖同学的对话。

我问罗胖："你摸摸自己的耳朵，有什么感觉？"

罗胖虽然不明白我为什么让他摸耳朵，但还是照做了，然后回答："我的耳朵软软的，好像还有一些弹性。"

我点点头，说道："鲨鱼是软骨鱼，骨架由软骨组成，骨骼和我们耳朵的软骨类似。"

罗胖想了想，问道："鲨鱼竟然是软骨鱼？"

我告诉同学们："其实，凶猛的鲨鱼是软骨鱼的代表，早在石炭纪就已经畅游在海洋中了。除了鲨鱼，鳐鱼、银鲛等都属于软骨鱼。一般来说，能成为化石的都是一些坚硬的部分，而鲨鱼等软骨鱼的骨骼较软，容易因腐烂而消失，所以很难形成化石。这也是为什么大部分恐龙化石都是其骨骼和牙齿形成的化石，而皮肤化石却很少见。"

罗胖不好意思地笑了，然后急忙转移话题："原来是这样啊！看来，容易变成化石的狼鳍鱼是硬骨鱼！"

我肯定了罗胖的猜测，接着说道："硬骨鱼拥有坚硬的骨骼，因此能够形成化石。狼鳍鱼是硬骨鱼，并且在白垩纪非常繁盛，因此人们能在这

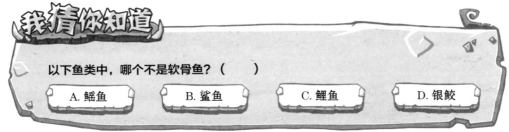

以下鱼类中，哪个不是软骨鱼？（   ）

A. 鳐鱼　　　B. 鲨鱼　　　C. 鲤鱼　　　D. 银鲛

里找到大量的狼鳍鱼化石。"

大家都笑了。我站起来，对他们说："好了，今天的探险还没有结束呢！我希望你们每个人都能找到化石。"

我们挖掘了 3 个多小时，每个人都有收获。3 个男孩子已经挖上瘾了：黄米和焦圈看到裸露的岩层就想挖开，看看有没有化石；而罗胖看到石头就想敲一敲，看到页岩就想劈开，看到石头上有圈圈就怀疑那是叶肢介。即便衣服都湿透了，他们也还是不停地寻找合适的地点，希望有更大的收获。

这块石头底下肯定有化石。

这块石头应该是叶肢介化石。

这块石头看着有些不一般，我先撬开看看。

我和两个女生一起先将化石的碎片和断块做好标记，然后拿出装化石的盒子，把化石放进去，再加入起保护作用的棉花和软纸，避免化石间的摩擦和挤压。

大家的动作一定轻一点儿。

七月的太阳非常毒辣，尽管已经偏西，但还是放射出很强的热量。我担心大家会中暑，就提议去另一个山坡捡玛瑙。可是，只有茉莉和郭铲儿两个女孩子同意去捡，另外3个男孩还要在这儿奋战到底。

我带着两个小姑娘来到不远处的平缓山坡。山坡上面是沙质土壤，里面有各种各样因风化作用形成的圆圆的小石块。

茉莉捡到一块石头，发现里面有水晶。没过多久，郭铲儿也捡到了水晶，高兴得跳了起来。

郭铲儿问我："这里为什么满地是宝石呀？"

"这是自然风化的结果。宝石一般集中在岩层缝隙中。当岩石被风化后，宝石就会露出来。其实，这里的宝石，无论是玛瑙还是水晶，品质都不算好，并不值钱。你们就不要做发财梦啦，还是把找到的宝石带回去，留作纪念吧！把它们放到鱼缸里也是很漂亮的。"我对她说。

天渐渐黑了，意犹未尽的同学们恋恋不舍地离开了化石挖掘基地。茉莉和郭铲儿不仅挖到了化石，还捡了很多好看的宝石；焦圈、罗胖和黄米虽然没有挖到恐龙化石，却也收获满满。至此，本次热河生物群夏令营圆满结束了。

　　读到这里，不知你是否感受到了生命演化历程的波澜壮阔和曲折艰辛。在长达30多亿年的生命历史中，生物经历了从小到大、从少到多、从简单到复杂的演变过程。每一个生命都在为生存而努力。它们的故事有声有色，有血有泪。

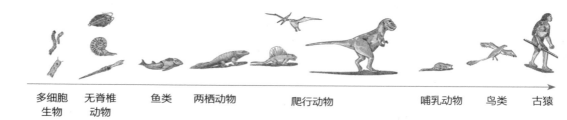

多细胞生物　无脊椎动物　鱼类　两栖动物　爬行动物　哺乳动物　鸟类　古猿

　　生命演化是地球上最精彩的大戏。这场大戏不会落幕，将周而复始地一直进行下去。

现在的我们……

长大后……

6. √　　×　　√　　×

10. √　√　×　×

13. 金山岭、慕田峪、居庸关

20. 岩浆岩、沉积岩、变质岩

24. 大约1.6亿年前，喜马拉雅地区是一片汪洋大海，因为地质运动，喜马拉雅地区不断上升，成为一座山脉，所以鱼龙化石出现在了山上。

25. ×　×　√

27. ×　√　×

39. 简单、低等的生物的化石出现在古老的地层里；复杂、高等的生物的化石则出现在新近的地层里。

42. ×　√　×　√

46. A

47. B

48. D

52. √　×　√

57. √　×　√

60. ×　√　×　√

76. ×   √   ×   ×
81. D
84. ×   √   ×   √
87. B
92. D
94. B
95. ×   ×   ×   ×
102. C
105. √   √   ×   √
115. D
117. C